雨もキノコも鼻クソも

大気微生物の世界

気候・健康・発酵と
バイオエアロゾル

牧 輝弥
Maki Teruya

築地書館

はじめに

空気中には、どのくらいの微生物が漂っているのだろうか？　そもそも無色透明な空気は、微生物どころか、粒子すらそんなに含んでいるようには思えない。ただ、部屋の中に光が差しこみ、その光路の中に無数の埃《ほこり》が漂っているのを見たことがある人はいるだろう。この光の筋に満ちる埃こそが空気中を漂う粒子であり、その中に微生物も含まれる。

〝微生物〟は、二〜一〇マイクロメートル程度の微小サイズの生物を言う。澄んで見える空気でも、微生物を含めた同サイズの埃を一リットルあたりに一〇〇〇個くらい含んでいる。そのうち一割くらいが微生物なので、一リットルあたりに一〇〇個の微生物が身のまわりを漂っていることになる。一呼吸の吸引量を〇・五リットルとすると、五〇個の微生物を吸引しているわけだ。ヒトは一日で約二万五〇〇〇回（少なくとも）呼吸するので、一日あたり一二五万個の微生物を吸引している計算になる。

空気中を浮遊している微生物は、同体積の土壌や汚水に比べると希薄であるが、呼吸を通じてヒトの体に接触する機会は多い。鼻から吸引された空気は、鼻腔を通って肺に入りこむ。この過程で、鼻腔の毛（鼻毛）や鼻腔粘膜が、吸引された微生物を濾し取るフィルターの役割をする。これらのフィルター

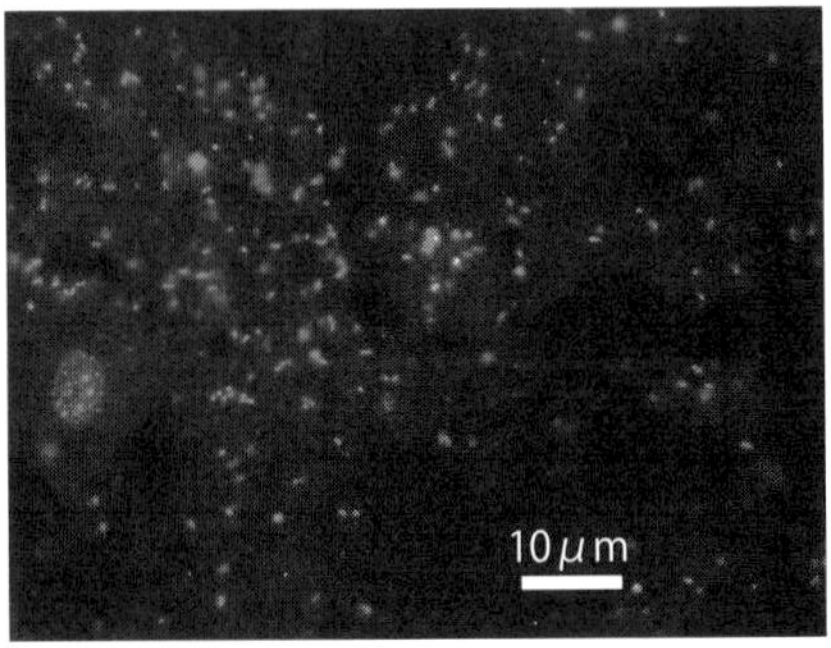

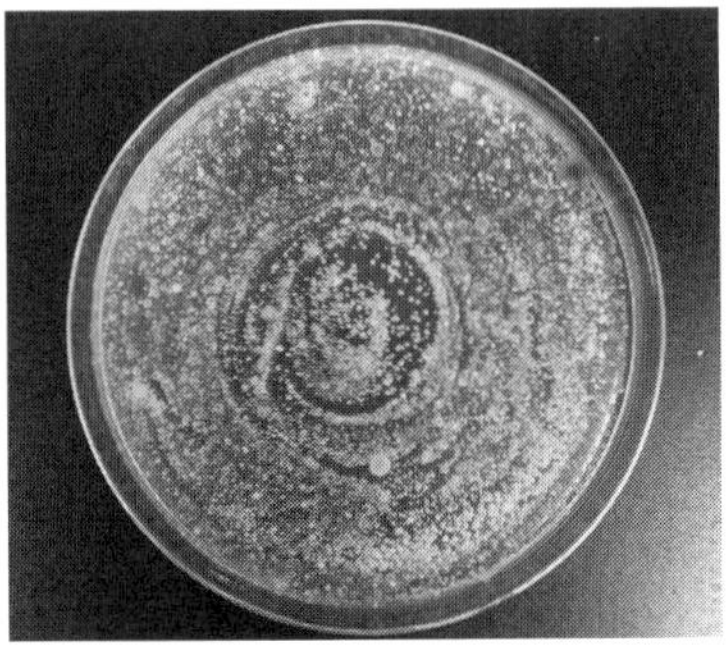

図1　鼻クソに含まれる微生物
左：蛍光顕微鏡で鼻クソを観察すると微生物の粒子が多数見られた
右：鼻クソに含まれる微生物が寒天培地にコロニーを形成した

を通過した微生物が気管支や肺にまで到達してしまい、感染症や気道の炎症を引き起こすのである。

鼻毛や粘膜に捉えられた粒子は集積され、鼻腔内の垢〝鼻クソ〟となる。よって、鼻クソには多くの微生物が含まれているはずだ。鼻クソの一片で水を濁らせ、その濁った液中の微生物を染めて顕微鏡で見ると、視野いっぱいに微生物が確認された（図1）。さらに、鼻クソ液を寒天培地に塗って数日培養すると、無数の微生物コロニーが形成された。微生物は鼻の中で生きていることがわかる。時々鼻クソを食べている子どもを見かけるが、未知なる微生物を多量に摂取していることになるのでやめたほうがいいと、サイエンティフィックに思う。

ちなみに、これは私の鼻クソで、私が生活する東大阪の空気中を飛んでいた微生物であると思われる。ほかの街に住む知己に鼻クソを提供してもらって比較しようとしたが、断られた。皆、恥ずかしかったようだ。

鼻クソは微生物が凝集しているので過剰な例であるが、我々は、空気中の微生物と皮膚や粘膜を通じて常に接触していることになる。しかし意外なことに、空気中を浮遊する微生物を専門に研究した事例は未だ少ない。特に、野外や上空の大気を浮遊する微生物に関しては、自由に往来しているであろうと信じられていただけで、学術的に研究されるようになったのはこの一五年くらいである。

一般的に〝微生物〟と聞くと、感染症や腐敗菌を思い浮かべ、負の側面が危惧されやすい。ちなみに、微生物には、細胞構造が単純な〝細菌〟や、カビや酵母などの〝真菌〟、ミドリムシやミジンコなどの〝プランクトン（原生生物）〟までが含まれる。これだけ多様な微生物には危惧すべき有害種ももちろんいるが、中には我々の生活に欠かせないだけでなく、高等生物の進化に欠かせなかったものもいる。また、有害な微生物はすべて地球上から消えてしまえばよいということにもならない。矛盾しているようだが、有害な微生物種であっても、人や環境にとって有益な場合もある。

シアノバクテリアは、湖沼を緑色に染め悪臭を放ちアオコを引き起こし、毒性物質などを出して水道水を劣化させるので忌み嫌われている。一方で、三〇億年前に進化したシアノバクテリアは、はじめて光合成で酸素を産出してエネルギーを得るようになった生命体で、生息域を海全体に広げ、大量に酸素を大気に放出し、現在の大気に近い環境を整えたと言われている。環境中に増えた酸素は、海水中に溶けていた鉄を酸化し海底に沈降させた。この沈降した鉄が鉄鉱床を形成し、現在、鉄鉱石として鉄鋼の原料になっている。さらに、シアノバクテリアは、ほかの生物細胞内で葉緑体へと共生進化し、植物プランクトンを生み出す要因となった。植物プランクトンは長い年月消長を繰り返し、海底に沈降した細胞は、海底堆積物として数億年にわたって熟成され石油となって、現代社会を支える主要エネルギー源となっている。

さらに、大気中に増えた酸素（O_2）は太陽光によってオゾン（O_3）へと変じ、オゾンによって地上に降り注ぐ有害な紫外線が吸収され激減した。すると、酸素呼吸で効率よくエネルギーを利用できる大型生物が進化し、陸上へと進出するようになり、植物も陸上で根を張り繁茂するようになった。植物の根に生息する根粒菌《こんりゅうきん》は、大気中の生物に取りこまれにくい窒素を生物が利用しやすい硝酸へと変化させ、植物に欠かせない栄養を与えている。このほかにも物質代謝を共同で担う微生物群である菌根菌《きんこんきん》が植物の根圏《こんけん》に生息し、植物の成長を助けている。穀物であっても例外ではなく、菌根菌が減少すると穀物の収穫量も大きく減少してしまう。

アオコは臭いし問題ではあるが、シアノバクテリアがいなければ、今の地球環境はなかった。人の糞便も臭くて汚いが、これも腸内細菌の成れの果てであり、腸内細菌がいないと非常に困る。健康な人と疾患を抱える人とでは腸内細菌の種類の割合が明らかに異なる。健康な人の腸内細菌は消化の過程で有益な物質を生産し、宿主の体を健康にするだけでなく、精神的な安静をもたらしているらしい。腸内細菌が第二の脳とも言われる所以《ゆえん》だ。そのため、疾患を抱える人に、健康な人の腸内細菌をそのまま移植し、健康増進につなげようとする試みもある。植物だけでなく、人間も微生物とは切っても切れない関係にある。

これだけ微生物研究が進展してきたにもかかわらず、先述のとおり、大気中を浮遊する微生物についてはわからないことだらけなのである。土壌や水圏には微生物量が多いので、有用な、あるいは物質循環にかかわる微生物が多く生息しているだろうとイメージしやすい。また、土壌だと土をそのまま取り、海洋や湖沼だと水をすくうだけで、少なくとも試料を得ることができ、若手研究者であったり、研究室を立ち上げて間もなかったりしても研究を始めやすい。大気中を浮遊する微生物だと、その密度は希薄であり、微生物が含まれる空気中の粒子を〝試料〟として持ち帰る段階でさまざまな課題に突き当たる。こうした煩雑なハードルのため、大気微生物の研究は敬遠されてきたのかもしれない。

本書では、この一五年で盛んになってきた大気微生物の研究について、著者自身の取り組みをまじえながら、エッセイ風に紹介した。

是非とも遠くて近い、近くて遠い、大気微生物の世界を味わっていただきたい。

なお、文中の敬称は略させていただいた。

もくじ

1 黄砂は微生物の空飛ぶ箱船

バイオエアロゾルとは?

二〇一五年一一月、北陸の地方紙の北國《ほっこく》新聞の一面に「黄砂　PM2・5　中韓と同時観測　病原菌の流れ探る」という記事が出た。黄砂とともに風で微生物も運ばれており、それを東アジア一円で捉えるための日本・中国・韓国の国際共同研究プロジェクトが、北陸を拠点として始まったと報じている。当時、アジア大陸の砂漠から生じる黄砂によって、砂粒子だけでなく微生物までもが風で運ばれ、人や動植物に及ぼす健康被害が懸念されるようになっていた(図2)。さらには、大陸からの大気汚染PM2・5が黄砂や微生物と混ざると、健康被害が相乗的に悪化するという研究報告もなされていた。こうした被害の程度を日中韓の共同研究で解明しようというのが、この国際共同研究プロジェクトの趣旨で

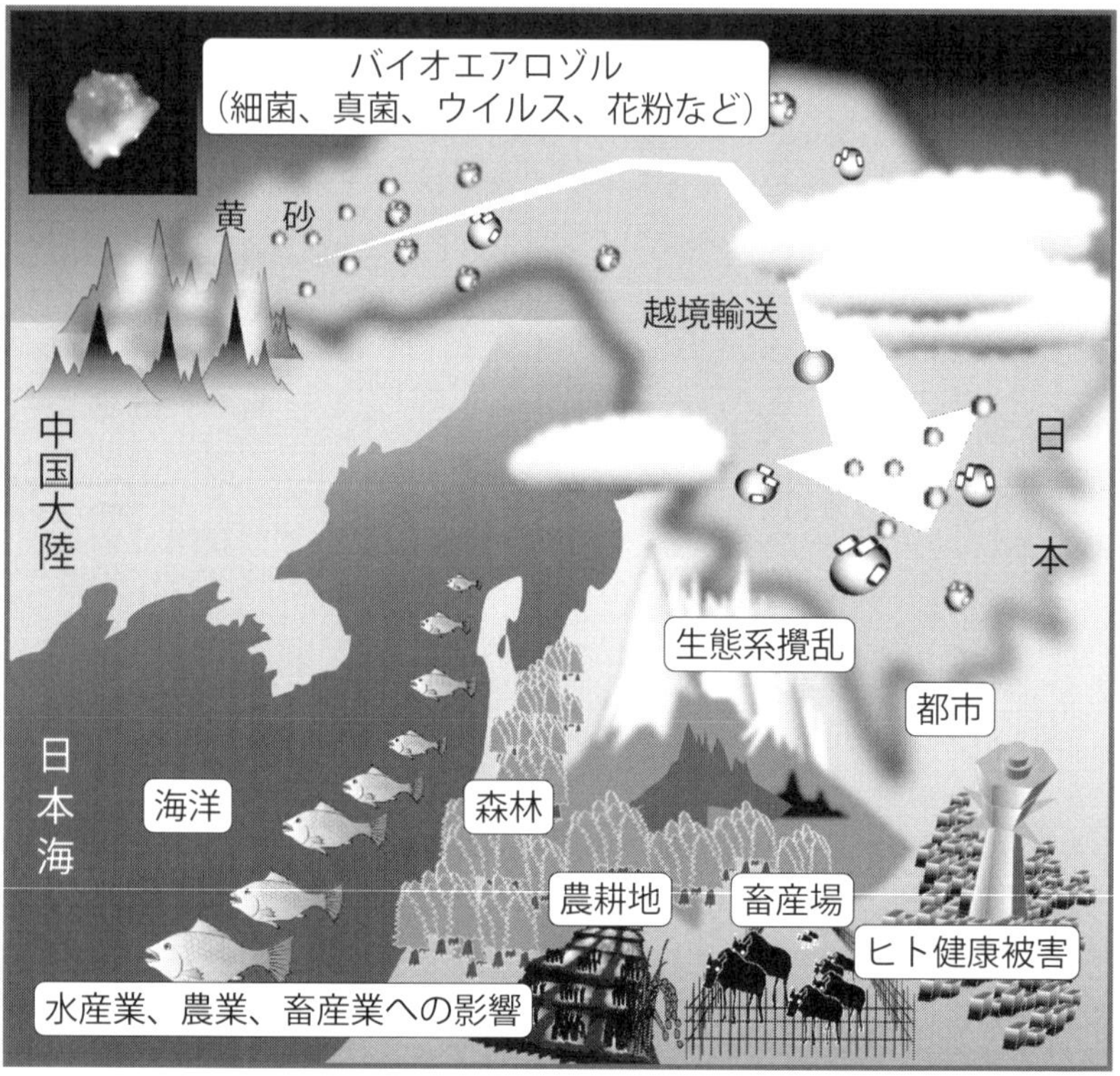

図2　黄砂によって運ばれるバイオエアロゾルによる健康被害
中国大陸の砂漠で舞い上がった砂が日本まで運ばれ黄砂となる。黄砂には微生物も含まれ越境輸送されてくるので、ヒトや動植物に及ぼす健康被害が気になる

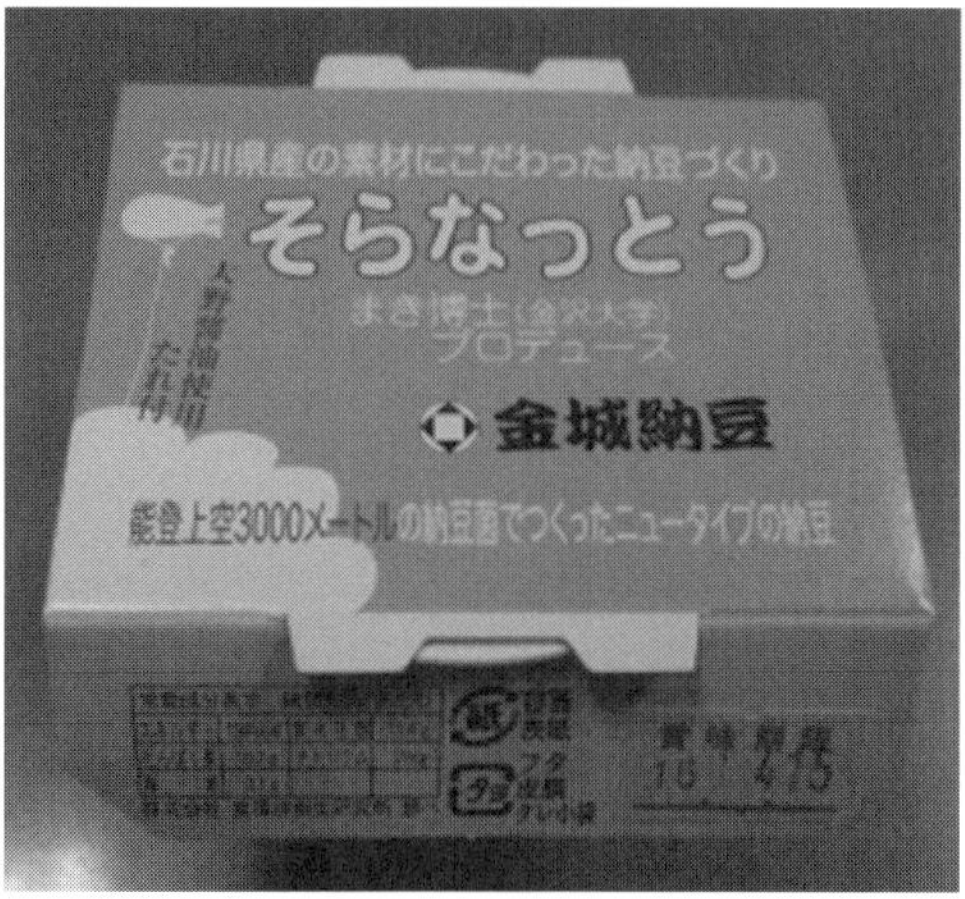

図３　“そらなっとう”のパッケージ
能登上空3,000mの大気粒子から分離した細菌株を使って納豆を作製した。“そらなっとう”として販売されている

ある。

その翌日、「ＪＡＬ機内食に採用『そらなっとう』大空へ」という記事が、同じく北陸の地方紙である北陸中日新聞の一面に大きく取り上げられた。石川県では、高度三〇〇〇メートルの大気粒子から分離した菌で納豆がつくられ〝そらなっとう〟として、町中のスーパーマーケットで販売されている（図３）。その〝そらなっとう〟が、ＪＡＬの機内食で提供されることが決まり、空を浮遊していた菌が再び飛行機で空へ戻るといった記事内容だ。

いずれも、大気中を浮遊する微生物である〝バイオエアロゾル〟に関連した記事であり、同一研究グループによる研究成果を取り扱っている。一方は、健康被害をもたらす有害微生物を探索する緊張感ある研究プロジェクトであり、もう一方は、食の発酵にかかわる有益な細菌についての微笑ましいエピソードである。しかし、じつは「悪」と「善」とまったく反対でありながら、表裏一体のバイオエアロゾルに関連した研究なのだ。バイオエアロゾルには、悪い面もあれば、良い面もあり、まるで、『ジキルとハイド』の物語を彷彿させる。

大気中を浮遊する微生物というと、どのようなものを想像するだろうか。身近なところだと、感染症を引き起こす病原菌やインフルエンザなどのウイルス（ウイルスも生物に含めるのであれば）など、ヒトへ健康被害を及ぼす有害菌がイメージされやすい。納豆菌など健康に有用な微生物は二の次だろう。ただ、有害でも有用であっても、野外の大気を漂う微生物は、紫外線や乾燥のストレスを受け、そう長くは生存できないし、個体の維持も難しい。

大気中で浮遊して生きながらえる微生物としては、意外かもしれないが、代表格として納豆菌があげられる。上空の大気粒子から分離した菌で納豆が実際につくられたと述べたが、納豆菌が大気粒子から分離培養されたのは奇跡的なことではない。納豆菌は、高度数千メートルでも生きたまま風送される究極の大気微生物であると言っても過言ではない。

高高度の大気環境では、強い紫外線が降り注ぐため、強い乾燥状態で水分が急速に失われ、マイナス数十度の極寒状態にもなり得る。こんな過酷な環境でも、納豆菌は生き抜いていたことになる。納豆菌

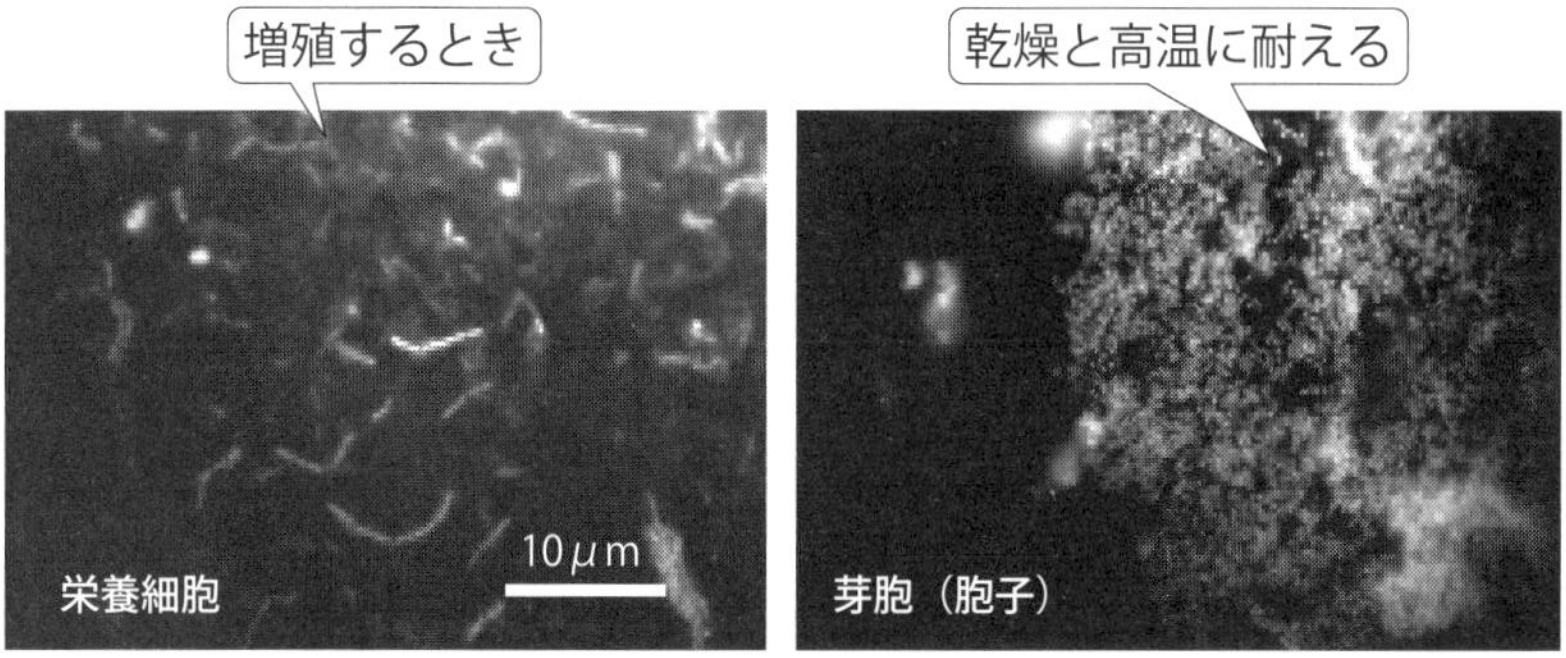

図4　“そらなっとう”を作製した納豆菌の栄養細胞と芽胞
左：栄養細胞は分裂しながらソーセージ形の細胞を伸ばしていく
右：乾燥や高温が続くとストレス耐性のある丸い芽胞を形成する。芽胞の状態でなら過酷な環境でも生きながらえられる

は、通常、ソーセージ形の桿状《かんじょう》細胞で増殖するが、周辺環境が悪化すると増殖をやめ、球形細胞へと変形し、〝芽胞《がほう》〟を形成する（図4）。芽胞は、熱湯に入れても破壊されず、乾燥にも耐え、環境がよくなると、再び桿状細胞へと復帰し、増殖を開始する。だから、芽胞の状態でなら、過酷な大気環境でも生きながらえ、運ばれる確率が増すのだ。

　しかし、芽胞であっても生存率が高まるだけで、単細胞微生物にとって、大気環境が過酷であることには変わりない。単細胞、つまり一個の細胞で大気環境にさらされると、乾燥によって水分が失われやすく、紫外線で細胞が破壊されれば生命の終焉を迎える。温度変化も、体積の小さな単細胞には、大きな影響を与え、命を脅かす。

　それならば、より大きな粒子に付着して飛べば、どうだろう。大きな粒子が、日陰となり、水分の蒸発を妨げ、温度変化を緩和する乗り物になるはずだ。実際、黄砂な

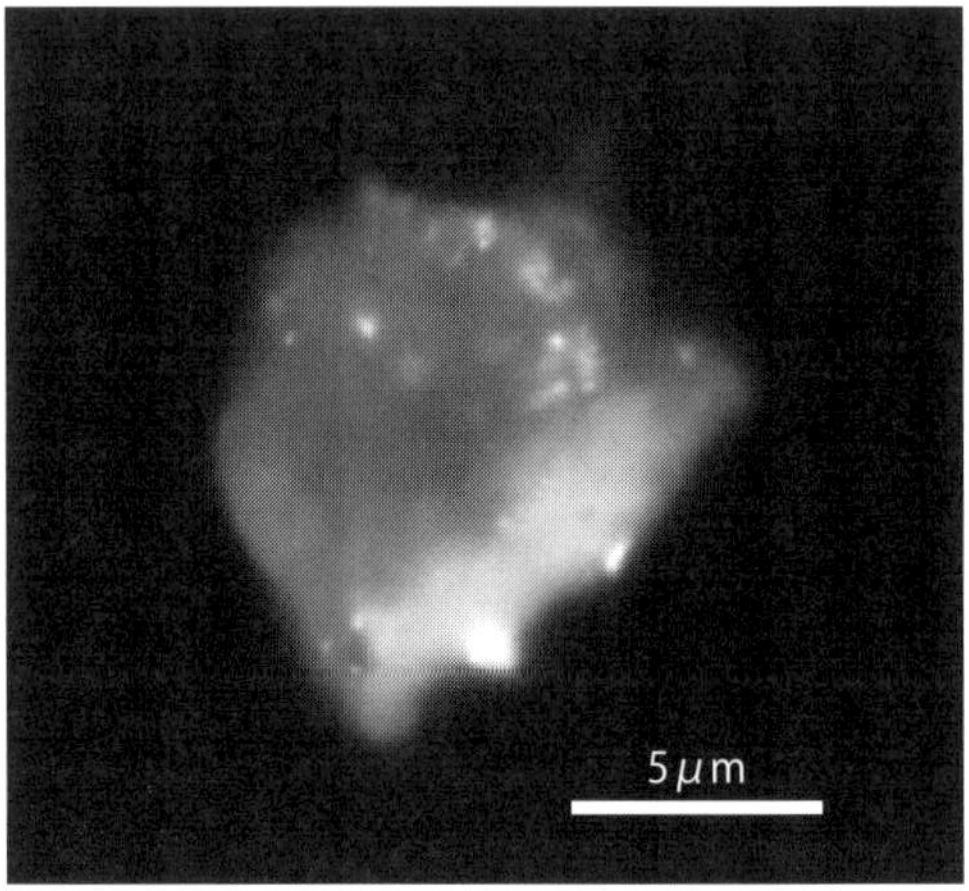

図５　砂漠上空の鉱物粒子に付着する微生物
タクラマカン砂漠上空で採取した鉱物粒子を蛍光顕微鏡で観察すると、鉱物粒子上に微生物のDNA粒子が見られた。白く光っている点々がそうで、実際の蛍光顕微鏡下では濃い青色の点々に見える

どの大きな鉱物粒子に付着する微生物が、数千メートルの高高度から採取した大気粒子の中で観察されている（図５）。このため、ノアの方舟になぞらえて、黄砂などの大型の粒子は、〝微生物の空飛ぶ箱船〟と表現されることもある。さらに、複数の細胞が群れて集まり、一つの大きな粒子になっても、大型粒子に付着するのと同様の効果が期待できる。こちらも実例があり、微生物同士が集まったバイオフィルムと言われる断片粒子が、大気中から見つかることも多い。

微生物以外にも、ウイルス、花粉、動植物の細胞断片なども、大気粒子として着目されるようになってきた。こうした生物に由来する大気粒子を総称して、〝バイオエアロゾル〟と呼ぶ。先述のとおり、微生物学の分野では、まだまだ大気微生物の研究はマイナーだが、気象学の分野では、二一世紀に入って、バイオエアロゾルが認知され、一研究分野が成立するまでに至った。そして、日本のみならず、アジアや欧米でも研究プロジェクトが立ち上がり、こぞってバイオエアロゾルを対象とした大気観測が実施されている。

タクラマカン砂漠へ。黄砂との出会い

「敦煌《とんこう》に行きませんか？」

この誘いが、私の研究テーマを〝水〟から〝空気〟へと大きく変えた。それまで私は五年間金沢大学に所属し、石川県内の河北潟《かほくがた》や木場潟《きばがた》などの湖沼で水を採取しては、その中に生息する微生物を調べる水圏微生物を研究していた。しかし、水とはほぼ無縁である中国の砂漠都市〝敦煌〟で観測しないかと、研究仲間から声がかかったのだ。中国の砂漠で発生した黄砂は砂粒だけでなく微生物も日本へと運んでくるらしく、その発生源になる大気中の微生物を調べるため、敦煌へ行こうというわけだ。

敦煌と聞いて、井上靖の小説『敦煌』を思い浮かべていた。敦煌は、タクラマカン砂漠の東端にあり、東アジアに続くシルクロードの玄関口となる都市である。そのため、中世から物流が盛んになるとともに、ヨーロッパと東アジアの文化が融合し、独自の華洋折衷の融合文化が形成された。世界遺産でもある敦煌の莫高窟《ばっこうくつ》には、岸壁の洞穴ごとに、融合文化の名残である壁画や壁像、文書などが残されている。

小説『敦煌』では、中世のころ、この都市が戦火に巻きこまれ消失してしまう際に、文化財の多くを莫高窟の壁の中に隠してしまうまでの過程の物語を、友情や恋愛などロマンをまじえ描かれている。文化財が壁の中に隠されたのは実話であり、二〇世紀になってそれが発見され、ヨーロッパとアジアにかかわる文化の歴史研究が大きく躍進したのは言うまでもない。

物語のはじまりもユーモラスで、主人公である趙が官僚採用の難関試験である〝科挙〟を受けに行くが、試験開始を待つ前に会場の庭で居眠りし、試験を寝過ごしてしまうところから始まる。ちなみに、〝科挙〟は三日間も続く超難関試験であり、この試験に合格すると超エリートとして一生保証される。寝過ごした趙は深いショックを受けるが、受験できなかったことを契機に戦火に巻きこまれ、莫高窟に文化財を隠す重要な役割を担う運命を課せられる。私は、官僚になって生涯裕福に過ごすより、後世に衝撃を与える歴史的局面に立ち会うほうが、生きがいがあるのではないかと思う。

湖沼をフィールドとした微生物研究は順調に進捗しており、研究生活は軌道に乗っていた。しかし、小説同様、敦煌には、私の研究生活に大きな波乱を巻き起こし、大きな生きがいを与える衝動が待っていた。

敦煌行きの声がかかった当時、大気中の微生物を専門に研究している者はおらず、微生物学の専門家なら誰でも参画できる様子だった。つまり、大気微生物学者です！と名乗りをあげれば誰でもなれたわけだ。声をかけてくれた小林史尚《ふみひさ》（現・弘前大学）も、微生物を利用してバイオマス燃料を開発する発酵工学が専門であり、大気微生物とは縁遠い経歴だった。詳しく話を聞くと、黄砂を一〇年以上研究してきた岩坂泰信《やすのぶ》（名古屋大学名誉教授）が黄砂による微生物の長距離輸送に興味をもち、金沢大学で微生物研究に長年携わってきた小林に仲間集めを依頼したらしい。

大気と水圏で対象とするフィールドは違ったが、敦煌に興味があったので引き受けることにした。しかし、岩坂の思惑は想像をはるかに超えるものだった。大気中を浮遊する微生物を〝バイオエアロゾル〟と定義し、これを学問する新規の学問分野「バイオエアロゾル学」を立ち上げようというのである。当時、黄砂の砂（鉱物）粒子は物理的かつ化学的には理解されていたが、粒子を生物学的に取り扱った知見は皆無だった。だから、〝大気〟と〝微生物〟を融合させるのは学術的な挑戦だったし、これこそ金沢大学で産声をあげる独自性の高い学際研究になるというねらいがあった。

ちなみに、小林と私は、学内の生物系研究者が集う勉強会の仲間で、月一回、新しい先生を招いてご自身の研究を紹介してもらいディスカッションしていた。そのネットワークを活かして声かけをしたため、バイオエアロゾル研究の輪は医薬工と多様な研究者に広がった。

そもそも、微生物生態学者の調査フィールドは土壌や水圏などの地上環境がもっぱらで、空気中を漂う微生物を調査するのはめずらしい。高高度の大気となるとなおさらだ。土壌微生物学、海洋微生物学、湖沼微生物学などの学問領域はあるが、大気微生物学などという分野は聞いたことがない。このような

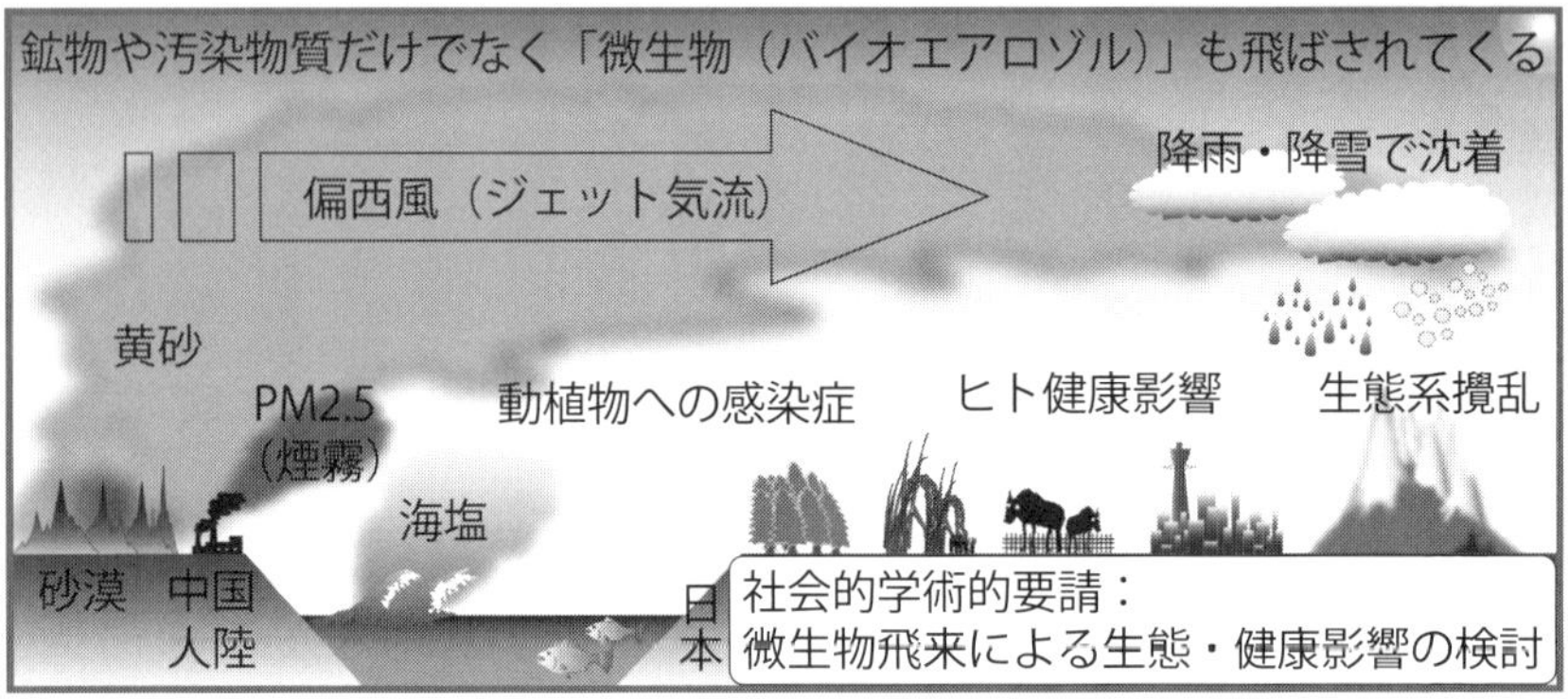

図６　アジア砂漠地帯で生じる黄砂
黄砂は偏西風に乗ってアジア一円に運ばれる。その黄砂とともに長距離輸送される微生物がいるのではないだろうか

状況なので、空気中を浮遊する微生物については不明な点が多い。高度数千メートルも上空の微生物になると関連文献も乏しく、私が研究を始めたころには世界中を探しても片手で数えられるくらいだった。

二〇〇七年、私は、湖沼の微生物を相手に研究し、河北潟のほとりにあししげく通っていた。そんな折、空気中の微生物を調べに、敦煌に行きませんかと、研究仲間の小林に声をかけられたのだ。敦煌にも行きたかったし、研究が手薄な大気微生物だし「何か新発見があるかも」と、研究の方向転換をはかることにした。

ところで、なぜ敦煌にまで行かなくてはならないのか。敦煌は、タクラマカン砂漠の東端にある。この砂漠地帯から巻き上がった砂粒子は、高度数千メートルを偏西風でアジア一円に運ばれ、黄砂となる（図６）。この黄砂とともに日本へと長距離輸送される微生物がいるかもしれない。しかも、高度数千メートルの大気となると、偏西風が強く吹き、それに運ばれる大陸由来の微生物量も多いはずだ。風送された微生物が風下に沈着すると、ヒトの健康に影響を及ぼすかもしれないし、環境微生物の生態系を変動させているかもしれない。この長距離輸送される微生物を研究するため、観測拠点のある敦煌に出向き、発生源のタクラマカン砂漠で大気観測しようというわけである。

〝大気微生物学〟なる学問領域は存在しないものの、当初、大気中であっても何かしら微生物は飛んでいるだろうと楽観視していた。多くの微生物研究者も同じ考えだっただろう。そうでなければ、タクラマカン砂漠に行けるというだけで、気軽にこの研究に着手できない。一方、これに対し、大気の研究では、空気中の砂やスス、塩など無機物粒子がおもな研究対象であり、その物理的動態や含まれる化学物質に関心が集まっていた。こうした、大気物理化学の分野では、高高度の大気に微生物などいないし、調べるまでもない、という意見が大半であった。

バイオエアロゾルを採取するには

〝土〟あるいは〝水〟、〝空気〟を手で運ぶなら運びやすいのはどの順だろうか。土は手でつかみ、水は手ですくって、運べる。空気も手のひらで覆ってやれば運べるが、運んだ先で、その場の空気と混じり、もとの空気かわからなくなる。空気を空気の中で扱うのはきわめて難しい。

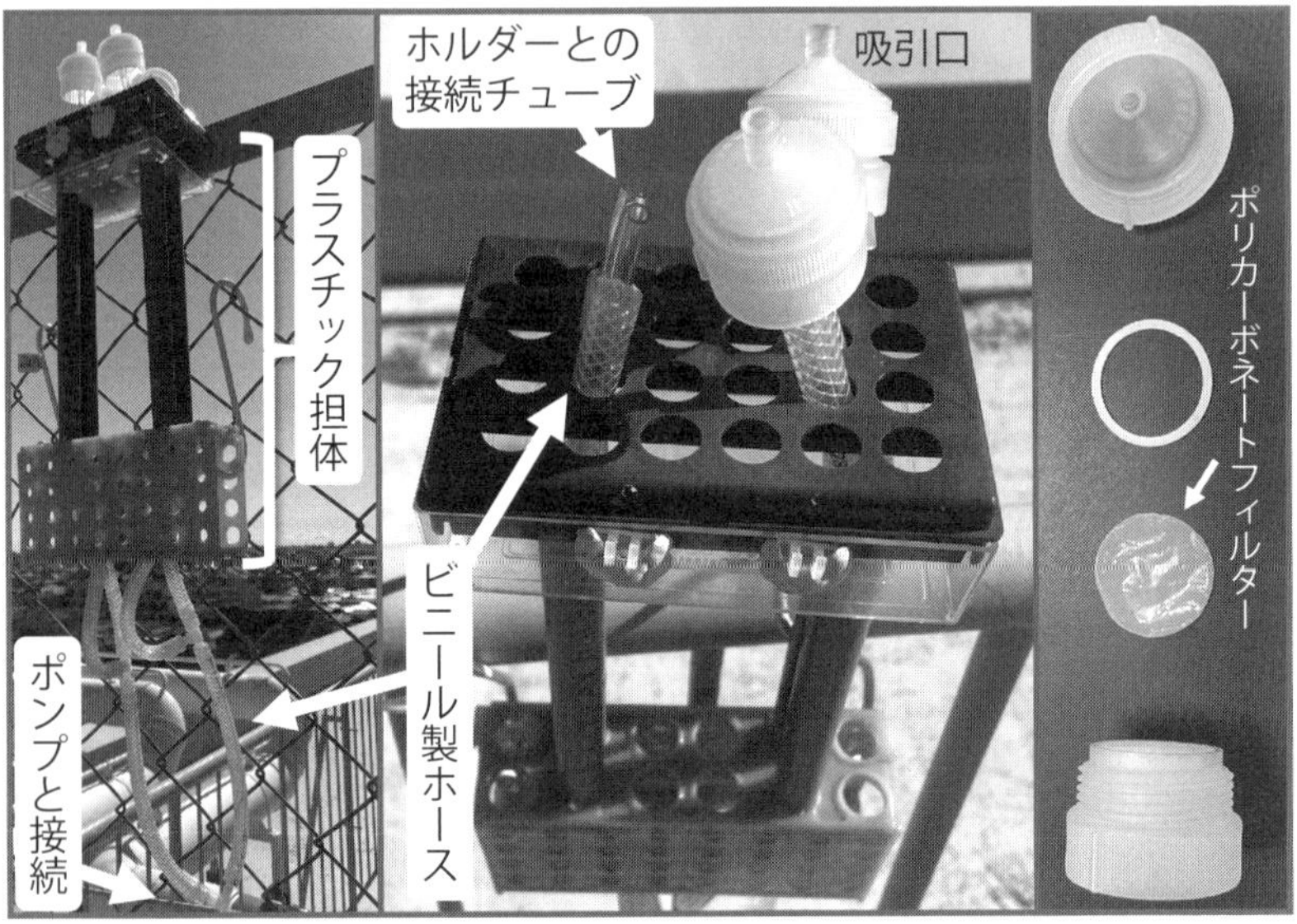

図7　バイオエアロゾルサンプラー
空気をエアポンプで吸引し、大気粒子をフィルターの上に捕集する
左　：サンプラーはプラスチックの担体とホースで構成されている
中央：４つのフィルターホルダーをチューブの先に取りつける
右　：ポリカーボネートフィルターがホルダーには装塡されている

これと同じ問題が、環境中から試料を採取（サンプリング）するときに生じる。土と水は、滅菌した容器にすくえばサンプリングになる。しかし、空気は、そのまま持ち帰ると嵩張るし、実験室の空気環境下で処理するのも大変になる。そこで、通常、空気中を浮遊する粒子を研究対象とする場合は、その場でフィルターの上に粒子を採取し、フィルターの形で試料を研究室に持ち帰って実験に使用する。必然的に、フィルターに粒子を吸引捕集するための〝サンプラー〟を観測場所で組み立てて設置し、フィルターの上に粒子が捕集

されるまで待たなければならない。サンプラーの運搬や過酷な気象条件の中でのサンプラーの組み立てなど、ちょっとした大気粒子の採取であっても、空気のサンプリングは現場での煩雑な作業がともなう。つまり、土や水なら研究室で粒子を回収するが、空気の場合は、その研究室での作業を観測場所で実施する点で厄介なのである。しかも、微生物など対象となる粒子に応じてサンプラーへの工夫も必要となる。こうした工夫を凝らして、自作したバイオエアロゾルサンプラーの第一号が図7である。

冒頭で、〝鼻クソ〟は大気微生物の塊であると述べた。大気粒子を捕集するサンプラーの究極形態は鼻だと思う。肺のエアポンプで空気を吸引し、鼻腔（あるいは鼻毛）のフィルターに大気粒子が捉えられ、鼻クソ、すなわち微生物の試料が集まる。鼻腔そのものを再現するのは複雑なので、大気粒子の捕集には、紙のように薄い〝フィルター〟が使用され、フィルターを使ったサンプラーが市販されている。しかし、大気中を浮遊する微生物（バイオエアロゾル）を採取するのは新しい試みだったので、市販品をそのまま使用できなかった。問題点としては、①使用できるフィルターの材質が限られる、②大きく嵩張り、金属製で重い、③値段が張る、ということがあった。

まずは、市販品に装着できるフィルターの主流はガラス繊維なので、繊維に入りこんだ大気粒子を回収して実験に使うのが難しい。また、ガラス繊維が次の実験に持ち越され、ガラスのシリカが、微生物の有機成分（カーボン）と結合し、DNA実験や分離培養の妨げになる。そこで、バイオエアロゾルの捕集には、表面がツルツルのプラスチック（ポリカーボネート）製を使うことにした。厚み数十マイクロメートルの薄いプラスチックシートに電子線で丸い穴（直径〇・二マイクロメートル）があいていて、一〜数十マイクロメートルと微小な微生物であっても捉えられる。また、フィルター表面が滑らかなため、採取した粒子を実験のため剝離させやすく、フィルター成分の持ち越しの心配もない。

また、市販品のサンプラーの多くは金属製であり、装置全体も両手で抱えるくらいの大きさで、一〇キログラム以上と重い。当初は、どこにどんな微生物が浮遊しているのか当たりをつけるため、観測場所を変えながら大気粒子を捕集したかった。だが、嵩張って重い市販のサンプラーを持って遠方に移動して観測すると労力と手間がかかる。そこで、バイオエアロゾル用のサンプラーを自作した（図7）。

フィルターを固定するには、水の濾過《ろか》に使っていた小型のフィルターホルダー（直径一〇センチメートル）を流用した。フィルターホルダーはチューブを介してホースとつなぎ、ホースの反対側をポンプに接続する。このホースには、陰圧でつぶれて吸引がとまるのを防ぐため、繊維が織りこまれた固いビニール製のものを使用した（これを探すのにも一苦労）。フィルターホルダーとホースを支える〝担体〟は、観測場所の柵などに設置するのに必須である。市販品では、この部分が金属製であるため、丈夫なのだが、重量が増える。そこで、担体をタッパーやパイプなどの日用品で自作し、針金などで柵や樹々にでも取りつけられるようにした。すると、図7のようなサンプラーができあがった。

このサンプラーを構成する素材は、ポンプをのぞけば、いずれも一〇〇〇円を切るものばかりなので、自ずと一台あたりのコストは廉価となる。ポンプを入れても三万円以内に収まるので、数十万円もする市販品に比べると安上がりである。コストが抑えられると、サンプラーを数台作成し、複数の場所での同時観測もやりやすくなる。

ただし、観測規模を拡充していくにあたり、さらなるサンプラーの簡略化が求められるようになるのだが、その話は先の章に譲る。

サンプリングを開始すると、大学建物の屋上などだとそのまま放置して待てばよいが、野外や町中の場合は、サンプラーを見守ってやらないとならないので、〝サンプリング待ち〟をする。通りがかりの人がやってきてサンプラーにふれれば、人由来の微生物で汚染されるし、最悪の場合はサンプラーごと盗難にあう可能性もある。また、灼熱の太陽が照る砂漠や寒風が吹く山野では、その場で待機して待たざるを得ない。いつのころからか、待ち時間にサンプリング風景をスケッチするようになった（図8）。我流で描いているが、風景を脳に感覚的に記録するには最適であり、試料を顕微鏡で観察するとその情景が浮かぶ。まだ研究そのものに役立っていないが、何か潜在的には役立っていると思える。描くと気持ちいいからだ。

町中でサンプリング待ちをしていると、海外だと、何をしているのかとよく人に尋ねられる。まわりの空気に漂っている微生物を調べ、人への健康影響を調べていると伝えると、大事な仕事だと概ね共感してもらえる。アメリカだと、路上生活者らしき人が話しかけてくることもあり、あまり長時間話して

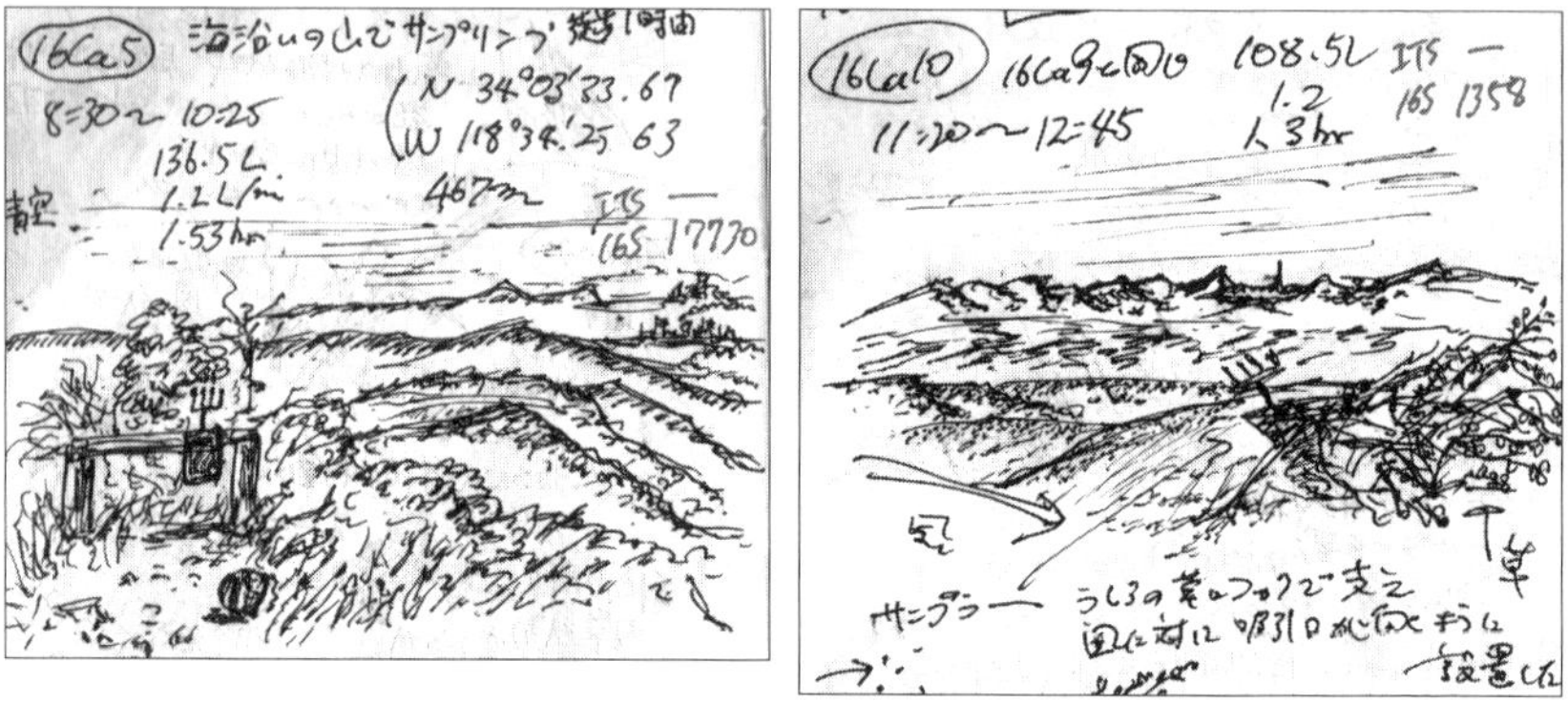

図８　サンプリングしている風景のスケッチ

野外にサンプラーを設置し、大気粒子を捕集している。四角い箱がサンプラーで、箱の中にポンプや温湿度計が入っていて、上部に出た四つ又の角のような部分の先にフィルターホルダーがついている

左：ロサンゼルス近郊の山の頂上にサンプラーを担いで歩いて登ると疲れるが、頑張ってサンプリングした

右：アメリカのメキシコ国境近くにあるコロラド砂漠では砂塵が強く、砂が入りこみポンプが壊れてしまった

いると試料に何か雑菌が入るのではと心配になったが、そのうち私の話す英語がダメと四時間ほど英会話をレッスンしてくれ、最後には打ち解けたこともあった。サンプリング待ちは面倒だが、一期一会の出会いがあるのも一興である。

従来、海塩や鉱物などの無機物粒子を捕集するには、粒子を高速でフィルターに吹き当て、フィルターの上に衝突で残った粒子を捕集する〝インパクター〟という装置が使用されてきた。この採取法だと、衝突の衝撃で、微生物細胞のような柔らかい粒子は壊れてしまい、ＤＮＡも断裂しやすい。無機物だと比較的硬く、衝撃に耐えられ、インパクターでの捕集が好都合なのである。

無機物粒子の構造や成分は、蛍光電子顕微鏡での観察で海塩や鉱物などと判断できる。この観察では真空下で粒子に電子線を照射するので、微生物などの有機物は蒸散し、残った海塩や鉱物などの無機物だけがクリアに検出できる。バイオエアロゾル研究を創発した岩坂も、一つの粒子に電子線を当てて観察していると、真ん中あたりの成分が蒸発し、二粒子になる現象に遭遇していた。おそらく蒸発した成分は生体由来の有機物で、二つの粒子をつないでいたのではないかと推察している。このような実験アプローチの特性によって、海塩や鉱物などの無機物粒子が優先的に調べられ、生体由来の有機物は見落とされてきたのかもしれない。

科学は万能のように思えるが、科学的アプローチができるものからしか学術的知見を得られない。中谷宇吉郎の『科学の方法』でも、自然科学の方法論には限りがあり、科学で解ける問題（科学的アプローチができる）と解けない問題（科学的アプローチができない）に分けて概説されている。よって、数多ある自然現象のうち、一部がわかっているにすぎず、大部分はアプローチする手段がなければわからないままである。

無機物粒子を研究してきた学者らが、試行錯誤してたどり着いたのがインパクター型のサンプラーである。今後、バイオエアロゾルのサンプリングも、待ち時間のない画期的な方法が開発されるかもしれない。今の単純な仕組みも、観測者としては改良しやすいし、取り扱いも気楽である。ただし、地上に設置してサンプリングする場合に限ってである。気球でバイオエアロゾルを採取するには、サンプラーの一式を気球に装着し、上空に上げ、自動で作動させる必要がある。こうなると構造は複雑になり、取り扱いにも緊張が走る。

係留気球を使った高高度観測

大気観測に熟練している岩坂は、〝気球〟や〝飛行機〟のことを〝飛び具〟と呼ぶ。高度数千メートル上空の粒子や温湿度を調べるには、実際に〝気球〟や〝飛行機〟を使って上空まで観測機器を飛ばして観測する。観測機器を飛ばす道具という意味で飛び具なのだ。世界ではじめて飛び具を使って研究成果を上げたのは、物理学者のゲイ＝リュサックであろう。

一八〇四年、ゲイ＝リュサックは、防寒具で身を包み熱気球で高度六〇〇〇メートルの高高度にまで上昇し、真空にしておいたガラスフラスコを開き、上空の空気を採取している。滞空時間は六時間にも及び、着陸したときには凍死寸前だったらしい。後に、実験室でフラスコ内の空気が分析され、高所の空気も地上の空気と成分が変わらないことが実証された。高所の空気成分は計算でも求められたが、それを実地（この場合、上空）に出向いて命がけで実証したのは並々ならぬ科学者魂である。その後、微生物学者のコッホもパスツールも空を飛ぶことはなかった。現代では、微生物学者が大気物理学の研究グループにまぎれ、空の微生物を研究する時代が到来した。空には、偉大な先人たちが調べていない科学の空白地帯が、広がっているように思える。

黄砂によって微生物が越境輸送されるのであれば、黄砂発生源の砂漠で、砂と一緒に微生物も舞い上がっているはずである。砂漠上空を浮遊する微生物を捉え、地上と似た種類が検出されれば、地上と上空で微生物が混合していることになる。

中国大陸の奥地にある砂漠では、飛び具として、飛行機の調達は難しく、気球のほうが使い勝手がよい。ただ、ゲイ＝リュサックのようにパトロンがいるわけでなく、資金も潤沢ではないので、熱気球のような大型気球は望めない。我々の研究チームは、糸で牽引する〝係留気球〟を使って、数千メートル上空の微生物を直接捕集することにした（図9）。係留気球に水素を充填すると、長さ六メートル、高さ二メートルくらいの楕円の球状になる。この気球の下にサンプラーをつけ、糸で上空にまで送りこみ、上空の粒子を無人で採取する。熱気球のように人が搭乗できず、ややスケールダウンな感はあるが、バイオエアロゾルを捉える係留気球の観測を実施するには、さまざまな専門知識と技術を要し、新たにサンプラーを開発するなど、技術的なブレイクスルーが不可欠であった。

係留気球は凧《たこ》と同じで、糸を繰り出すと上昇し、巻き取ると下がる。ただ、凧と違って、係留気球は一〇〇〇メートルくらいまで上昇させるので、上げ下げを自動で行う〝ウィンチ〟という機械仕掛けの装置が不可欠となる。しかも、数百メートルもの糸を繰り出すので、糸が重いと自重で傾き、気球の上昇が妨げられる。糸を軽くするには、細くするとよいが、強度が損なわれる。たかだか糸なのだが、

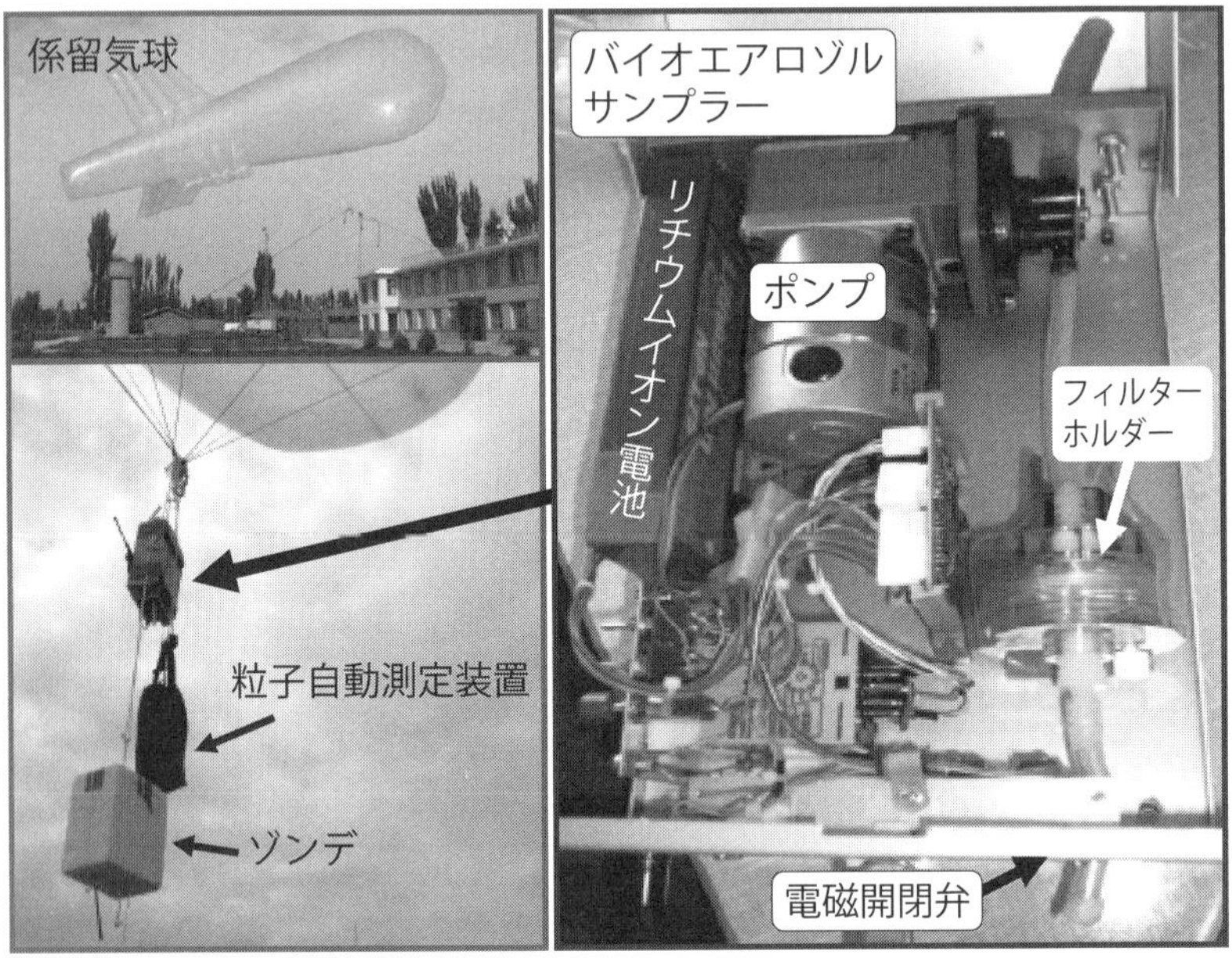

図９　係留気球観測用のバイオエアロゾルサンプラー
糸で牽引する係留気球を使って数千メートル上空の微生物を直接捕集する
左上：係留気球の中には水素を入れる
左下：気球の下には、バイオエアロゾルサンプラー、粒子自動測定装置、ゾンデ（温度・湿度・高度を測る装置）を取りつける
右　：バイオエアロゾルサンプラーの内部には自動制御できる電子基板が目立つ

〝軽くて丈夫〟を追究すると、アメリカ航空宇宙局（NASA）で開発された最先端の強靱な糸に行き着く。単純なものほど、きわめるのは難しい。

気球を上空まで上昇させた後は、サンプラーを遠隔操作しなければならない。遠隔操作といっても、地上の観測者はトランシーバーのボタンを一度押せばいいだけである。このシステムは、名古屋大学の技官であった長谷正博によって考案された。彼は、東京・秋葉原の電気街で電子部品や基部となる材料を目利きしながら収集し、軽量のポンプやリチウムイオン電池を海外から取り寄せ、試行錯誤しながら係留気球用のサンプラーを独自開発したのだ。

一方、現場で気球の操作に長《た》けているのが、敦煌行きを誘ってくれた小林である。サンプラー自体の設計と作製は長谷が受け持ったが、小林はサンプラーの運用方法を長谷に伝え、サンプラーの改良点を次々提案した。時に小林は現場での運用の厳しさを説き、サンプラーの設計に妥協を許さなかった。そのおかげで、先の吸引口の開け閉めが実現したのだ。係留気球の設計や調達も小林が担当した。気球を通じて風が読めるのか、ウィンチからの糸の出し入れで気球を操り、突風からも気球を守ってくれる。係留気球観測の守護神と言ってもよい。実際、小林は、突風が頻発する南極でバイオエアロゾルの気球観測を複数回成功させた実績をもつ。

係留気球用サンプラーには長谷の技術者魂が宿っており、気球観測そのものには小林の研究への熱い思い入れがある。理論や技術を凌駕したこだわりが、このバイオエアロゾルの気球観測を可能としているのだ。この〝こだわり〟は通常の筆致では語りつくせない。そこで、ある日の係留気球を使った観測風景を、私の心情をまじえ学術ドラマ風に記してみよう。

キュルキュルキュルキュルキュルキュルキュル（気球のウィンチから糸が出ていく音）

昨日、タクラマカン砂漠では砂が舞い上がり、軽いダスト（砂塵）があった。おそらく今日も、そのダストの残渣《ざんさ》が空を舞っているであろう。風は弱まっているので、絶好の係留気球日和だ。今、気球は、高度八〇〇メートルに到達しようとしている。ウィンチから延びる糸はピンと張り、ほぼ垂直不動だ。やはり風は弱い。空は晴れてのどかで、空気はカラッと乾燥しているが、トランシーバーを持つ手は汗ばんでいる。そして、三〇分前の操作が間違っていなかったか、確認しても仕方がないのに、頭が反復する。

サンプラーの準備に抜かりはなかったはずだ。まず、クリーンベンチ（機器などを無菌的に取り扱うための箱）で、フィルターホルダーにフィルターを入れた。時々、サンプラーが手元に戻った後に何も入ってないやん、がっくり、ということもあったからな。フィルターホルダーの上下にチューブをつなぎ、一方をサンプラーの吸引口に通し、もう一方をポンプに接続した。上空で一時間作動するようにタイマーをセットし、上空用のトランシーバーをサンプラーのコードにつなぎ、上空で自動でスイッチが入るようにサンプラーのボタンを押した。すると、自動的に吸引口の弁が閉じ、チューブも密閉され、フィルター内の空気は外気と遮断される。最後に、誤作動を避けるためはずしていたリチウムイオン電池をポンプにつないだのも覚えている。たまに忘れてスイッチが入らない。この失敗は痛い。気球観測の準備は、足し算ではなく、掛け算である。煩雑な作業を重ねていっても、凡ミスで一つゼロが入れば、すべてが無に帰す。情け容赦ないのが気球観測だ。

こうして四苦八苦して気球の下に取りつけたサンプラーが、今、上空八〇〇メートルに到達した。この手元にあるトランシーバーで、上空のトランシーバーに信号を送れば、サンプラーが作動するはずだ。信号を送った。数秒間、トランシーバーを握りしめ、返信がないか見守る。異様に長く感じられる緊張の瞬間だ。ピピッと信号が響いた。メンバーから安心の歓声があがる。上空のサンプラーが作動した証拠である。ウィンチから延びる張りつめた糸に耳を当てると、ポンプの振動音が聞こえてくる。間違いなくサンプラーは動いている。

今日は晴天で無風だ。サンプリング中の待ち時間はゆっくりと過ぎていく。間もなく一時間というとき、頭上の気球が東に少し流れている。嫌な予感がする。やきもきしながら待っていると、終了の信号がトランシーバーに届く。すでに気球はかなり東に流され、延びた糸が傾いている。急いでウィンチを作動し、糸を巻き取りはじめる。しかし、風は強まり、ウィンチの巻く音がキュルキュルからギュルギュルに変わる。風に引っ張られた糸が、ウィンチに負荷をかける。ついに糸は傾きを増し、四五度くらいまで傾斜がつくと、気球が暴れ出し、きりもみ状態になった。気球は傾いたまま高度を下げているので、いよいよ墜落しそうだ。皆大わらわだ。

その時、小林が「糸を出しましょう」と冷静に言った。

糸を繰り出して、繰り出した糸の分、上空で気球を流してやって、墜落を避けるプランBに変更したのである。しかも、気球の浮力で上昇させ、安定状態になるのを待つつもりである。普通、焦って巻き取りばかりを考えるのだが、そこで頭を切り替え、糸の繰り出しに転じるのは勇気ある英断を要す。止まない風はなく、風が弱まる瞬間がくる。しばらくすると、チャンス到来、風が嘘のように止んだ。嘘のような静寂の中、気球は手元まで静かに落下するかのように降りてきた。サンプラーの重みを再び手で確認するとホッとした。無事に終わった。

急いで、サンプラーを実験室に持ちこみ、無菌的に作業できるクリーンベンチ内で、サンプラーを開き、息をのみながらフィルターホルダーからフィルターをピンセットでつまみ出し、プラスチックチューブに押しこんだ。フィルターの上には何も見えないが、そのフチにはフィルターホルダーで押さえられていた跡が見える。吸引すると見える跡である。どうにかタクラマカン砂漠の上空を漂う粒子を採取できたようである。

掛け算をして、ゼロ以外の答えが得られそうな予感がする。

バイオエアロゾルを見る

布切れが風に漂っているような形態をしているトリパノゾーマは、寄生性の原虫であり、ハエを媒体にして人に感染する。感染するとアフリカ睡眠病を発症し、倦怠感や頭痛を生じて名のとおり寝たような状態が続き、治療しないと数カ月で死に至る。この治療薬として、ＤＡＰＩ（4',6-diamidino-2-phenylindole）が開発された。しかし残念ながら、治療薬としての機能は低く、使用されなくなってしまった。ただし、ＤＮＡとの結合力が強く、強いエネルギーの光（短い波長の光：励起光《れいきこう》）を当てると蛍光を発する性質をもっており、治療薬としての役目はなくなったが、ＤＮＡを含む細胞を蛍光顕微鏡の下で観察するのに役立った。例えば、血液に潜むマラリア原虫のＤＮＡをＤＡＰＩで染色して、蛍光顕微鏡の下で観察すれば、患者がマラリアにかかっているか判断できる。その後、海洋や土壌などの環境中の微生物を観察するのにも使用され、顕微鏡観察での一視野あたりの粒子数を数えれば、もとの環境試料に含まれる微生物の密度もわかり、定量化もできる。微生物の存在を視覚で判断するのに画期的な試薬である。

私も海洋の植物プランクトンを研究対象としていた大学院時代、頻繁に海水に含まれる微生物をＤＡＰＩで染色し、蛍光顕微鏡で観察していた。試料である海水にＤＡＰＩの溶液を加えて、海水中の粒子に含まれるDNAと結合させ、その粒子をポリカーボネートフィルター上に濾過して集める。そのフィルターをプレパラートガラスに置いて、蛍光顕微鏡に付属の水銀ランプから発せられる励起光を粒子に当てて、顕微鏡の接眼レンズを覗けば、DAPIが結合した粒子（すなわちDNAを含む粒子）が青白く光って見える。例えば、海洋細菌をDAPIで染色すると、細菌の細胞は青く全体が光り、真核生物の原生生物は核だけが青い光を発し、細胞膜がオブラートのように核を包み、宮殿の中で青い火が燃えているように見えた。ある時は、視野一面を細菌細胞が埋めつくす場合もあり、あたかも銀河の星空を眺めるようだ。さらに、先述のとおり青白い粒子を計数すれば、海水に浮遊する微生物の密度までわかる。

このDAPI染色法は、京都大学時代の恩師である今井一郎（北海道大学名誉教授）から教わった。今井は国際的に活躍する赤潮研究のパイオニアであり、ひたすら海底堆積物の粒子を蛍光で観察し、日本で最大級の赤潮を引き起こす植物プランクトン、シャットネラの休眠胞子を見つけた。シャットネラが海水で高密度に増殖すると赤潮となり、ハマチや鯛などの養殖魚を大量に死滅させ、その被害総額は数億円に上る。シャットネラ赤潮は、史上まれに見る被害額を水産養殖業に与えたにもかかわらず、その赤潮が発生する種となる〝休眠胞子〟が見つかっておらず、赤潮発生を理解するうえで、休眠胞子の存在は不確定要因だった。その休眠胞子の探索が急がれる中、今井が休眠胞子を発見したのである。今井の発見を契機に、シャットネラ赤潮予測と対策が急速にすすみ、水産養殖業に与える打撃も軽減に転じた。その後も今井は、有害・有毒な植物プランクトンの増殖を制御する技術や施策を提案し、養殖業の救世主的存在として水産業に貢献している。

今井は、シャットネラの休眠胞子を発見した経験もあり、頻繁に「試料を目で見なさい」と指導学生であった私に助言した。もちろん、微生物を直接見ることはできない。しかし、顕微鏡を使えば、微生物の形を確認し、その量まで直感的にわかる。それを、今井は言っていたのだろう。

DNAによる解析が主流になりつつある時代であったが、現在でも顕微鏡で観察することは大事だと思う。そこに微生物がいると信じて遺伝子解析するのと、いるかいないかわからない状態で解析するのとでは、取り組み方も変わってくる。昨今、微生物の形そのものを見ずに、遺伝子データや、化学成分だけでその特徴を議論できる。こうしたデータは培養できない微生物の生態について魅力的な情報を与えてくれるのだが、試料に含まれる微生物の生態環境を直接的にはイメージしにくい。粒子の形や大きさ、分布状態を見ておくと、単体の細胞、凝集態、核をもつ真核生物のいずれが多いかだけでも一瞬でわかる。

はじめのタクラマカン砂漠の上空八〇〇メートルの大気粒子を気球で捕集することには成功した。しかし、先述のとおり、フィルターは白いままで、粒子はまったく見えない。本当に粒子は取れているのか、不安でしかない。そこで「目で見なさい」を心に、DAPI染色法を使って、気球で採取した粒子を観察した。

　すると、青白い一〇マイクロメートルくらいの白いモヤっとした粒子が見えた。細菌の粒子にしては大きすぎるし、これまで見てきたＤＡＰＩで染色された粒子に比べると、白すぎる。ほかに白い粒子がないか、視野を変えて探してみた。すると、同じようにモヤっと白い粒子が散見される。ただし、粒子ごとに形もサイズも若干異なり、輪郭が凸凹していて、輪郭の形状は粒子ごとにバラバラだ。微生物だと、細胞形態は奇異でも、細胞ごとに似た形で、質は悪いがすべてコピーのように見えるので、微生物とは違う。砂漠なので、砂の粒子ではないだろうか。砂粒子が見られないのは不自然でもある。別に、電子顕微鏡で確認すると、同程度の密度で砂粒子が観察された。砂粒子であることには間違いないようだ。

　何度か視野を変えると、モヤっとした砂の粒子が繰り返し出現する。やや退屈になるくらいだ。しかも、見ていると、砂粒子より小さいはずの微生物の青い粒子は見当たらない。もしいるなら、一〜二マイクロメートルの粒子で見えるはずである。砂はあっても微生物はいないのか。退屈を通りこし、やや焦りになってきた。やはり、ただの敦煌旅行で終わるのかと。ところが、しばらく見ていると、目が慣れたのか、砂粒子の上に、濃い青いコントラストがあることに気づいた。さらに、砂粒子に焦点を合わせて調整すると、一〇個に一個くらいの割合で、一〜二マイクロメートルの濃い青色の点々がついているではないか（図５）。この青い点々に目を凝らすと、確かにＤＡＰＩで染色された蛍光である。そこで、岩坂の「黄砂の微生物はですね。砂粒に付着して飛んでるんじゃないかと思うんですよ。だから、砂粒に隠れて微生物は飛んでこられるんですよ」という言葉を思い出した。おそらく、砂の上で増殖した微生物が、そのまま砂に付着して、上空八〇〇メートルにまで舞い上がったのであろう。まだ、確実なことは言えないが、微生物が砂について飛んでいることを実証する一つの手がかりを得たのは確かだ。粒子は小さいが、大きい一個となった。

大気中の微生物はバチルスばかり

微生物の特性を詳しく調べるには、まずは〝分離培養〟が定石である。環境中から微生物株を分離培養できれば、その微生物が生存していた実証にもなり、株の生理機能を培養実験や動物実験で調べられる。分離培養の歴史は、一八〇〇年の後半にまでさかのぼる。まずは、ルイ・パスツールが、肉汁などの成分を混ぜた液体の中に微生物が入ると、その増殖によって液が懸濁することを実証し、肉汁の液体を応用して〝液体培地〟を発明した。一方、同時代のロバート・コッホは、ゆでたジャガイモをカットし、その上で微生物を増殖させ、炭疽《たんそ》菌などの感染菌の分離培養を成功させている。このポテト断片から〝寒天（固形）培地〟が生まれた。その後、酵母や大豆の抽出液、血液、土壌抽出物、天然の未知成分などの培地成分が試され、微生物の分離効率が改善されてきた。寒天培地の上では、微生物の細胞は離れて位置し、それぞれが分裂して独自のコロニーを形成するので、微生物を単離して純粋培養するには液体培地より効率がよい。

タクラマカン砂漠の上空で採取した粒子を、フィルターごと生理食塩水に懸濁させ、懸濁粒子を液体培地に加え、数日培養した。蛍光顕微鏡では微生物粒子が観察されたものの、その生死は判別できず、通常の液体培地では生えてこない可能性もある。それ以前に、通常の湖沼や土壌なら微生物が生えてくるのは当然だが、大気粒子からも本当に微生物は生えてくるのだろうか。そんな不安をよそに、あっけなく二、三日後には、液体培地が濁りだした。濁った液を、寒天培地に植え継ぐと、白いクリーム状の〝細菌〟のコロニーが生じてきた。砂漠の上空で微生物は生きていたのだ。

次に、分離培養された細菌の種類が気になる。古典的な種を決定する簡易同定では、寒天培地の上のコロニーの形や顕微鏡で観察した細胞の形、酵素実験などでわかる生理特性などから種を判別する。ただ、手間がかかるだけでなく、一〇〇〇種類以上いる微生物を詳細に分類するには限界がある。現在は、遺伝子配列による系統分類が主流である。例えば、細菌だと、16ＳｒＲＮＡ遺伝子配列が分類指標となり、〝種《しゅ》の顔〟のような役割を果たす。人はほかの人と会ったとき、通常は、顔を見分けて、その他大勢と区別している。人は共通して顔をもっており、鼻や目、口の形状やそれらの位置関係が人によって異なるため、人は人を見分けることができる。タンパク質合成に必須である16ＳｒＲＮＡも細菌に共通して存在し、その遺伝子の核酸塩基配列のわずかな差異（配列の一〇パーセント以下）によって種が分類される。具体的には、分離した細菌株の16ＳｒＲＮＡ遺伝子の配列を解読し、ほかの細菌種の遺伝子が登録されているデータベースと比較すれば、遺伝子配列の近い順に既知の種がわかり、これから近縁種あるいは同種を判断する。こうしてわかった種の情報から、大気微生物の場合、健康影響やもとの生息場所を推測するのである。

　分離株の種の顔である16ＳｒＲＮＡ遺伝子の配列を解読してみると、多種多様な顔が並んでいるであろうという予想に反し、多くの株は〝バチルス〟であった。種類によっては、病原性をもち注目されるが（炭疽菌もここに含まれる）、よく育つのは人畜無害のバチルス・サブチリス（*Bacillus subtilis*）であった。環境微生物としてはありふれた細菌であり、土壌や水圏で見つかっても、「ふ〜ん、まぁ、いるよね」という感じで、相手にされない細菌種である。先述のとおり、バチルス属は、細胞内に球状の芽胞を形成し、塩や乾燥などのストレス因子に耐性をもつ通性好気性の桿菌《かんきん》（ソーセージ形の細胞をした細菌）であるため（図４）、大気粒子として生きて運ばれやすく、優占種になると考えられる。長距離輸送される細菌種として検出されても不思議ではない。

　しかし、飛べないバチルスはただのバチルスだが、飛ぶバチルスはドラマをもっている。バチルスを含め砂などの粒子は、どのように土壌から空中に舞い上がっているのだろうか。じつは、バチルスが空を飛ぶというのは、土壌表面と風の摩擦が織りなす〝死のダンス〟だったのだ。

土壌から微生物が飛び上がる〝死のダンス〟

土壌微生物の空中への舞い上がりを考えるには、砂粒子が大気中に放出されて生じる砂塵の発生メカニズムから理解する必要がある。砂が舞い上がるには風が必要だが、砂は塵（ダスト）と比べて粒が大きいため重たく、上には舞い上がりにくいように思える。また、砂漠地帯の地面は、砂場のようなさらさらな砂地もあれば、固まった土壌で覆われた荒れ地のような場合もある。固まった土壌だと、風が吹いてもそのまま砂が飛ぶのは難しい。

この砂の舞い上がり現象を高度な学問にまで高め、砂漠で観測を続けているのが大気環境学者の石塚正秀（香川大学）である。砂漠の観測で石塚と一緒になったとき、砂塵の舞い上がる原理を尋ねてみた。すると、彼は、大きめの石を取り、固めの地面に放り投げた。石が落ちたあたりからモワッと砂塵の煙が立ち上がる。そして、「これが、砂塵が舞い上がる原理ですよ」と教えてくれた。砂塵の煙に巻かれた気分になったが、ここに砂が地面から飛び上がる〝サルテーション〟の原理が秘められていたのだ。

風に吹かれた砂粒子は直接上に飛ぶのではなく、まずは、地面に落ちている大きめの粒子が風で横に流される。砂漠に風が吹きはじめると、砂が何匹かの蛇のようにうねって地面を這ってすすむように見えることがある。この地面を這う砂の中の少し大きめの鉱物粒子（基本的に砂だが）が、地面の凹凸に

図10　ゴビ砂漠のドライレイク
上左：春のゴビ砂漠には、乾いた礫の荒野が広がっている
上右：夏になると降雨によって湖が出現する
下　：ゴビ砂漠にはさまざまなバイオエアロゾル発生源がある

衝突し、数十センチメートルまで跳ね上がり、再度地面に衝突する。この衝撃が、投げられた石が地面に落ちるのと同じ現象を引き起こし、より小さい砂や塵の微小粒子が煙のように空中に舞い上がる。微小粒子は、一度地面を大きく離れると、そのまま風に流され、さらに上空に上がっていくのだ。

この衝突の原理で、地面が固くても大きめの砂粒子が地表面を削り、その削れた土壌が微小な粒子となり空を舞い、砂漠表面全体でこの衝突が繰り返されると、砂塵となる。砂塵が生じやすいのは、さらさらの砂地よりも、一度、降雨で水たまりになって乾燥した干上がった地面のほうだ。こうした地面は〝ドライレイク〟と言われる（図10）。

このドライレイクがおもな黄砂の発生源であり、微小な砂粒子が砂塵となるホットスポットとして注目しているのが、やはり長年砂漠で観測を続ける乾燥地気候学者の黒崎泰典《やすのり》（鳥取大学）である。水で集まった泥水が粘土の層をつくった後に干上がり、地表面はその粘土層がパリパリに割れたような状態になる。このパリパリの地表面に、少し大きめの粒子が風で衝突すると、粘土の微小粒子が大気中を漂うようになる。パリパリを実際に足で踏むと、もうもうと砂煙が立ち上がるので、広域の地表面に強い風で大きめの粒子が当たれば、砂塵が生じるのも納得がいく。

黒崎のゴビ砂漠での観測にはじめてつきそった早春に、ドライレイクが砂塵の濃厚な発生源であると説明を受け、パリパリの地表面が散在する場所を見せてもらった。最初は、砂漠に湖ができて干上がったという話を聞いて、近所のため池くらいの規模を想像し、砂漠の専門家の言葉を軽く聞き流していた。ところが、夏に再度訪問した際には、度肝を抜かれた。黒崎に見せてもらった地表面が、水で覆われ、対岸が見えない規模の〝湖〟が出現していたのだ。しかも、遠くの山から真っ赤なゴビの砂を含んだ濁流が流れこんでいる。私が通いなれていた石川県河北潟くらいの面積は優にありそうだ。豊かな水だけでなく、岸辺には水草も茂り、鳥まで飛んでいる。本当に春に見た砂漠なのだろうかと疑ってしまう。

水草や鳥が生息するなら、ドライレイク一円には微生物も増殖しているのは間違いない。水を利用して増殖した微生物は、夏から冬にかけて乾燥とともに粘土に混じり、粘土と一緒にパリパリの地表面と同化されていくのであろう。この乾燥の過程で、環境ストレスに耐性のあるバチルス属などが生残すると想像がつく。その粘土層に含まれる微生物が、粘土とともに上空に舞い上がってバイオエアロゾルとなるのだ。もちろん、ドライレイク以外の土壌でも乾湿を繰り返すので、土壌微生物の発生源となるが、発生量ではドライレイクのほうが期待できる。この一件から、黒崎の着眼点に敬服し、彼がドライレイクのほとりにつくった観測サイトを長年利用させてもらっている。

話を戻すが、風によって粒子と粒子とがぶつかった衝撃で、砂も微生物も上空に舞い上がっていることになる。微生物にとっては、自分の体の数倍もある巨大な岩が幾度も衝突してきた挙句、その巨岩に弾かれ吹っ飛ばされるという感じである。まさに、微生物にとっては天変地異に遭遇したようなものだ。もちろん、弾かれては空を舞い、弾かれては空を舞い、を繰り返していると、衝撃で死んでしまう微生物も多数いるだろうが、一部の微生物細胞は生きて上空に到達するものと予想される。微生物が生きて大気を浮遊するには、飛び上がるだけでも命がけなのである。まさに、微生物は砂と風に翻弄され、空を舞うべく〝死のダンス〟を踊らされているようだ。

中国との共同研究体制

二〇二〇年春に金沢大学から近畿大学に移った事情は後述するが、近畿大学では関西出身の学生と交流する機会が増えた。自己紹介がてら石川県から引っ越してきた旨を大阪在住の学生に伝えると、「関西には、石川から〝富山〟を通ってくるので大変ですよね」と移動を労われた。でも何かが違っている。

本来、関西に近いのは〝富山〟ではなく〝福井〟で、関西側から富山は石川の向こうになる。北陸に不案内な学生は、北陸三県の位置関係を間違って記憶していたのだろう。しかも、聞くと、北陸に行ったことがないと言う。この間違いは、むしろ新鮮なくらい意外だった。と言う私にも同様の心当たりがあり、関西から石川に越す直前は、福井—富山—石川の順に記憶しており、太陽系の果てにある冥王星と海王星の位置関係くらいおぼろげだった。その後、石川に一八年住むと、北陸風土になじみ、その気候や土地を肌で感じられるようになり、北陸三県の位置関係など直感レベルで頭に染みついてしまった。地理で習った県名など記号でしかなく、その位置関係など簡単に忘れる。一方、そこで過ごすと、地名は記号でなくなり、地名は位置関係だけでなく、その土地の肌感まで思い出させてくれる。

黄砂の観測を始めたころ、中国大陸の砂漠に行くと聞いても、砂漠の位置関係どころか、名前すら出てこなかった。中国大陸にある砂漠は〝ゴビ砂漠〟と〝タクラマカン砂漠〟であると地名を聞いても、位置関係がまったくわからない。こんな状態だが、何度か現地に足を運び、宿泊してみると、気候、地面、住居、食事などを通じて、両砂漠で雰囲気が異なる土地を肌で感じることができる。野外観測では、観測する土地への肌感は大切だと思う。肌感をもつことで、土地への愛着が湧き、その土地への興味から観測データや採取した試料の解析が楽しくなってくる。要は、時間を費やしても苦痛でなくなるのだ。また、そうしたデータを見れば、あれこれ考察があふれ出てきて、思わず抱きしめたくなるような論文にまとまる。研究への熱量までも違ってくるのだ。

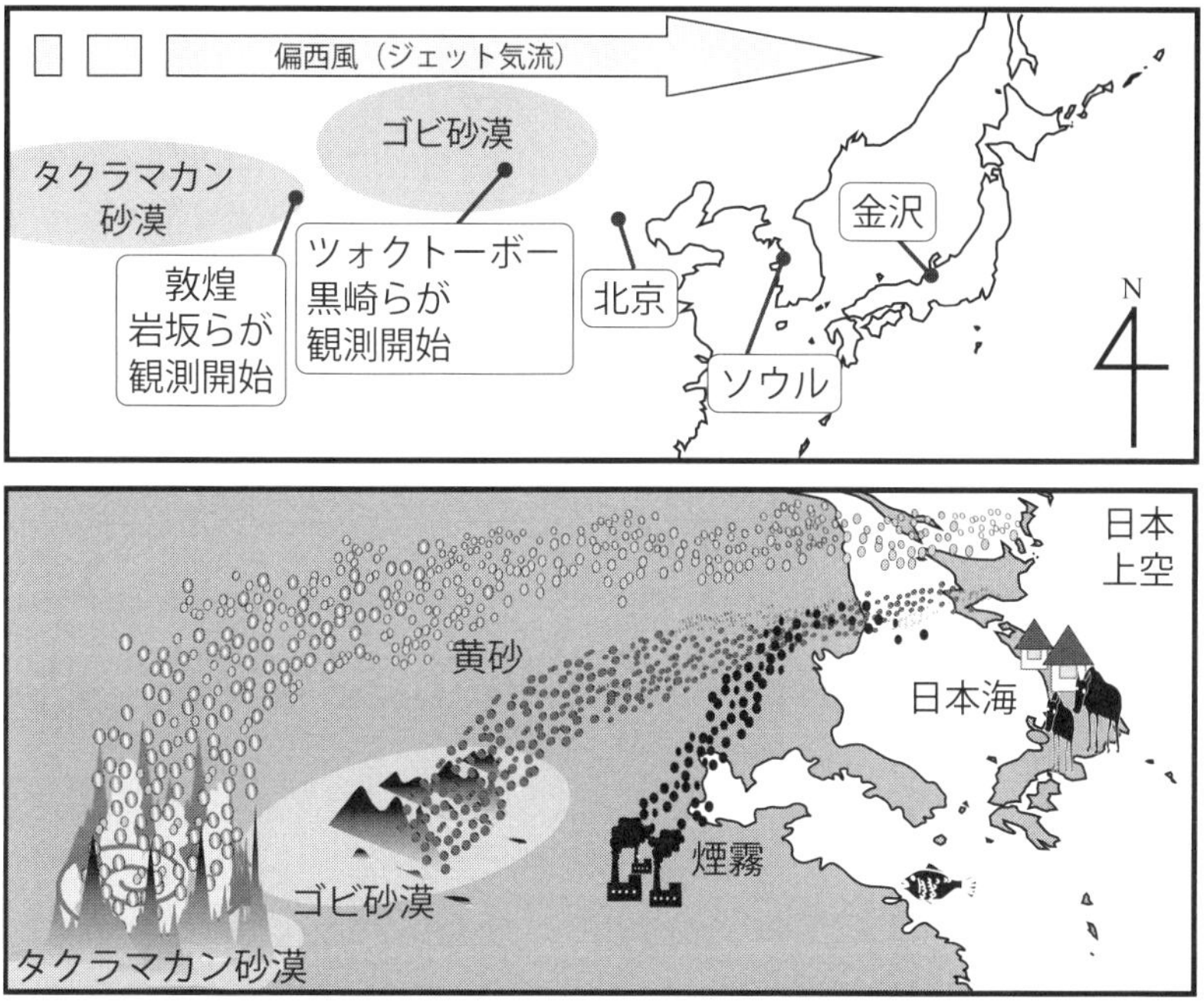

図11　タクラマカン砂漠とゴビ砂漠

黄砂は砂とともに土壌微生物を運び、日本海で海洋微生物を巻き上げ、日本に到達し、山野に由来する植物由来の微生物と混合される

タクラマカン砂漠とゴビ砂漠で何度か大気観測をすると、広大な乾いた大地から砂が大量に日本まで飛んでいくんだ、と直感的に感じられるようになる。そして、黄砂の発生源が、タクラマカン砂漠とゴビ砂漠の二つに大別できることも、知識から肌感に変わってくる（図11）。西にあるタクラマカン砂漠は、まわりが山脈で囲まれた盆地になっており、風が山脈に沿って旋回しながら上昇し、砂を上空にまで舞い上げる。山で囲まれた盆地は、〝砂の発射台〟であ

る。四〇〇〇メートル級の山脈を越えるので、その高度以上を砂は東へと飛んでいく。東側にあるゴビ砂漠の乾燥地帯は、周辺のステップ（草原）と境界線がないまま広がっている。風が強い日にゴビ砂漠から舞い上がった砂は、大地を覆いながら、中国大陸沿岸まで広がっていく。砂漠で生じた砂塵は、中国の北京を直撃し、韓国を覆い、日本海を跨いで日本へと飛来する。

ただし、黄砂が純度を保ったまま砂粒子として日本まで到達するのはまれである。大陸沿岸の都市部は広大であり、自動車や工場からの排気ガスが立ちこめ、未だ石炭で暖をとる習慣のある民家から膨大なススが放出され、大気汚染が酷い。この都市部を黄砂が通過すると、大気汚染粒子であるＰＭ２・５と混合され、黄色の砂粒子が、茶色や灰色に変色する。ただし、ＰＭ２・５は、二・五マイクロメートル以下の大気粒子のすべてを言い、必ずしも汚染大気のみを意味しない。砂、海塩や微生物であっても二・五マイクロメートル以下ならＰＭ２・５になる。二・五マイクロメートル以下のサイズが着目されるのは、このサイズの粒子は肺の奥まで到達し、気管支炎などの健康被害を引き起こしやすいためである。汚染粒子であるＰＭ２・５には、石油の燃焼などで生じた硫酸や硝酸、人為起源の有機物が付着しており、二・五マイクロメートル以下のサイズであれば肺の奥で組織を損傷させるため、ＰＭ２・５として危険視されているのである。よって、大気汚染で生じたＰＭ２・５は要注意である。ただし、北京などの街で、大気汚染が酷いとモヤが立ちこめ黒い霧がかかったようになる。大気汚染粒子をサイズで定義されるＰＭ２・５とするより、汚染大気を〝煙霧〟と呼んだほうが的を射ているように思える。以降、本書では汚染大気を〝煙霧〟と記載している。

東アジアを高濃度で黄砂と煙霧が越境すると、人工衛星の写真では〝茶色い雲〟が東アジア全域を覆っているように見える。この茶色い雲は、太陽光を反射させ、大気中のエネルギーを軽減させる一方で、地面からの熱を閉じこめ、大気エネルギーを増大させる働きをする。そこで、黄砂や煙霧による大気エネルギーの収支が、地球温暖化に及ぼす影響を理解するため、東アジア一円で大気粒子を観測する研究プロジェクトACE-Asia（Aerosol Characterization Experiment in Asian Region）が二〇〇一年に発足した。日本、中国とアメリカから数百人の研究者が集い、各国の観測機や大型気球、観測サイトが総動員され、その観測規模は大きく東アジアを網羅した。名古屋大学で大気粒子を観測していた岩坂も、ACE-Asiaに主要メンバーとして参加し、中国で大気球を使って上空の黄砂や煙霧を調査する役割を担った。そこで、中国の大気物理学者である石広玉《セキグアンジン》と陳彬《チェンビン》（ともに中国科学院）と出会い、大気球観測を通じて親交を深めた。大気球は縦横一〇〇メートルの巨大な球体であり、多様な大気分野の研究者が集い、各々の目的に応じた観測機器を搭載して気球を成層圏（高度一〇キロメートル）まで上げ、黄砂と煙霧を含めた大気粒子を総合的に測定・解析しようというわけである。こうした大気観測が繰り返され、飛行機や大気球での観測や、地上での長期的な大気観測など複数のデータが総括され、黄砂や煙霧が大気エネルギーの収支に及ぼす影響が概ね理解できるようになり、プロジェクトは二年ほどで終止符を打った。

プロジェクトでの観測は大規模で、数日あるいは数カ月にも及ぶことがあり、当然、岩坂と石、陳は頻繁に打ち合わせて交流し親交を深めていった。この絆が、バイオエアロゾルという新たな研究対象を迎えるにあたり、中国に復活したわけである。じつは、小林が私を誘った〝敦煌〟は、ACE-Asiaで黄砂を調べる一環で日中共同で築かれた観測拠点だったのだ。ACE-Asiaの後も、敦煌の拠点は黄砂以外にオゾンの測定にも利用され、一〇年以上断続的に運用されていた。今回、黄砂によって運ばれるバイオエアロゾルを研究するにあたり、かけがえのないレガシーと言える。大気観測の拠点とは、一朝一夕で突如築かれるわけでなく、下見を重ね、現地の人たちと交流を深め、時に交渉して意見交換して、地道に築き上げるものである。敦煌に赴くたびに、この苦労を常々感じさせられる。

研究の進捗には、発想やアイデアの独創性も重要であるが、黄砂に関連した研究では、日本と中国のネットワークが強みの一つとなっている。日中間での大気観測を展開し、黄砂発生源の砂漠と飛来地の日本で大気試料（黄砂）を捉え、両地点に浮遊する大気微生物を比べれば、中国から日本に飛来する微生物を解析できる。海外で研究をスムーズにすすめるには、研究に関心のある友達が必要なのだ。私の研究では、日中で協力体制が整っており、両国の共同研究者は「よき友人関係」と言っていい。

こうして、バイオエアロゾル研究は始まり、砂漠では文字どおりバルーンを上げることに成功した。ただし、発生源の上空に微生物が浮遊していることを示したにすぎない。この砂漠に浮遊するチッポケな微生物は、東アジア全域に比べるとあまりにも小さい。本当に、敦煌の上空で採取した砂や微生物が、日本に飛んでいくのであろうか。早々に大陸内で沈着したり、日本以外に流されたりと、日本へ行くだけが砂のたどる運命ではない。それでも、もし黄砂飛来時に日本で観測すれば、砂漠の観測地から飛来する砂と微生物に直接再会することは難しくても、長距離輸送されているなら〝同じ種〟の微生物が敦煌と日本とで捉えられるのではないだろうか。

ところが、黄砂が飛来する風下では、微生物を採る以前に〝黄砂は黄砂かという禅問答〟に悩まされることになる。

2 能登半島は〝日本海のアンテナ〟

何をもってして黄砂とするのか

私は、この原稿を喫茶店で執筆している。目の前にはコーヒーがある。今、〝コーヒー〟という文字を目にしたとき、コーヒーカップに注がれたコーヒーを思い浮かべたのではないだろうか。だが、コーヒーと言うと、そのカップの中の黒い液体（ブラックなら）だけを指すかもしれないし、あるいは、コーヒー豆そのものを言うかもしれない。コーヒーの液体は、コーヒー豆を収穫し、焙煎した後、粉状にして、粉末から抽出液をカップに注ぐと得られる（簡単に言うと）。この製造段階のいずれもコーヒーと言える。冒頭で〝喫茶店〟と述べたので、〝コーヒーカップに注がれたコーヒー〟をコーヒーとするバイアスがかかったのだと思う。ただ、このように状況に応じて、コーヒーをイメージして、人は日常会話を無難にこなしているのであろう。

コーヒーの定義と同じことが、〝黄砂〟にも言える。砂漠から舞い上がった砂は、中国大陸沿岸部を通り、日本海を渡って日本へと飛来する。途中で、砂の粒は、汚染大気と混合し黒く変色する。日本海を通過するときには、荒波が巻き上げた海の塩が混ざる。この混合物が、日本に飛来して、空を黄色く染める黄砂となる。日本に到来した黄砂は、カップに入ったコーヒーに近い。日常生活では、カップに入っていようと、黒い液体のみであろうと、コーヒーと言っても差し支えない。科学の世界も似たようなところがあり、日本で採取した粒子に砂漠の砂粒子が入っていれば、〝黄砂〟と言っている。問題があるなら、黄砂日の日本で採取された大気粒子を〝日本・黄砂〟にしよう。結局、日本・黄砂に含まれる化学成分や微生物を調べていくと、化学物質がどこで付着したのか、微生物がどこで混じったのか議論され、最終的に砂漠起源のオリジナル成分に行き着く。いずれの名称であっても、砂漠由来の砂が含まれていれば〝黄砂〟として、その輸送過程での混合を議論できる。ただ、〝黄砂〟はいつも同じではないということは事実である。

〝黄砂〟は砂漠から飛来するので、必ず砂が含まれている。採取した黄砂の粒子を電子顕微鏡で観察すると、凹凸な表面形態を残している粒子が砂粒子である。さらに、顕微鏡に蛍光測定装置がついていれば、粒子に含まれる化学成分まで特定でき、アルミニウムやケイ素など土壌の成分が多いと砂であると判定できる。だが、砂なら近所の砂場にもある。黄砂に含まれる砂に特徴的なのは、カルシウムである。

砂漠では、まとまった降水の後に乾燥が続き、砂漠表面が干上がる。この降水と乾燥が繰り返されると、砂漠表面に砂の塩であるカルシウムが溶出され、乾燥し、白い粉末状に析出してくる。よって、砂漠由来の砂はカルシウムも多く含んでいる。黄砂の砂にカルシウムが含まれていれば、間違いなく砂漠起源であろう。一方、黄砂が煙霧と混合すると、煙霧に含まれる硫酸や硝酸が砂粒子を溶かし、凹凸が消失し球状化する。排気ガスなどから放出されるスス（ブラックカーボン）は、球状で連鎖している。顕微鏡で球状の粒子が見つかれば、黄砂が中国の都市部を経由して飛来してきたと言える。また、砂粒子に海塩が混じると、砂粒子のまわりに塩成分が取り巻くように見え、高濃度のナトリウムが蛍光測定で検出される。この海塩成分の含有量から、黄砂が海水とどの程度混合して飛来したかを議論できる。

このように日本へ飛来した黄砂に含まれる成分を精査すれば、砂漠から日本まで飛来するときに通過したであろう環境を推測できる。さらに、観測日の観測場所における〝気塊〟が飛来してきた経路を〝トランジェクトリー（流跡線）〟と呼び、風向きなどの気象データを使った解析（後方流跡線解析）で推定できる。観測当日のトランジェクトリーが、大陸側も砂漠から観測地にまで延びていれば、採取した大気粒子に黄砂が含まれている可能性が高い。実際、顕微鏡観察でも砂が含まれていれば、採取した粒子は〝黄砂〟の粒子であると判断できよう。

黄砂を予測し捉える難しさ

黄砂で運ばれる微生物の研究に着手したころ、日本で黄砂を採取することを簡単に考えていた。黄砂飛来時に合わせて飛行機を飛ばし気球を上げるのだが、その黄砂の飛来を〝予測〟するのが難題である。天気予報に比べると、黄砂予報は難しい。

昨今、天気予報の予報精度はきわめて高いが、予報がはずれるとクレームがつく。特に、太平洋側の降雪を予報するのは難しいらしく、雪道に不慣れな住民に用心してもらうという面もあるだろうが、過剰に降雪を予報しては、空振りする日が多い。北陸から北海道にかけての日本海側では、降雪予報は概ね当たる。日本海の水蒸気が山脈に当たり雪になるため、降雪までのプロセスが少なく、予想しやすいのもあるだろう。一方、太平洋側で雪が降るのは、日本海側の雪雲が脊梁山脈を抜けてくる、あるいは太平洋からの水蒸気が冷やされ雪になるかである。いずれもまれな気象条件が複数重なるため、太平洋側での降雪確率は低くなる。一年に数回程度である。三六五日に二〜三回しか生じない低頻度の事象になると、〝偶然的要素〟も多分にからむため、理づめの予報は無理なのではないだろうか。科学は、再現性のあるものなら明確な提言ができるが、偶然的な因子に支配される事象になると再現性がなく、お手上げ状態になる。だから、太平洋側の降雪予報に取り組んでおられる研究者や技術者には頭が下がる。

黄砂も低頻度の事象になる。弱い黄砂なら日本へと春にたびたび飛来しているが、気象庁が認める強い黄砂は年に数回である。強めの黄砂は、頻度が低く、偶然の要因も作用するため、その飛来日を特定するのは難しい。黄砂を予報するには、大気の温湿度、風速風向、地形、海面水温など環境条件を〝計算〟に入れ、黄砂の飛来ルートをシミュレーション（コンピュータ上で予想される黄砂の流れを表す）する。予報精度を検証するのも難しく、現象がまれに生じる場合は、〝ない〟に賭けたほうが予報が当たったことになる確率が増す。この現象頻度の少なさで生じる見かけの確率増大があだとなり、シミュレーションの予測を検証するのが難しくなっている。

この集大成として、精度よく黄砂を予測するためのシミュレーションプログラムが二つある。一つは、気象庁気象研究所が開発したＭＡＳＩＮＧＡＲ（Model of aerosol species in the global atmosphere）である。ＭＡＳＩＮＧＡＲでは、大気粒子の実観測データを気象予測でも使用される計算方程式に組みこみ、日本へ飛来する黄砂の経路と規模を予測する。また、砂漠の〝地表面形状〟と〝風の強さ〟によって舞い上がる砂の量は異なり、舞い上がった高度でも山などの起伏によって拡散が遮られ、降水があれば劇的に沈着する。そこで、ＭＡＳＩＮＧＡＲには地形データも組みこまれ、黄砂の発生と飛来の予報精度を上げている。予測を評価するにあたっては、黄砂を的中させた率だけでなく、黄砂がない日を〝なし〟とした率も評価することで、黄砂なしに賭けることで生じる的中率の見かけの増加を避けている。また、最近では、予想した黄砂現象を実際の現象と比較し、そのズレを修正する計算式をシミュレーションに組みこむ〝データ同化〟を導入したことで、飛躍的に黄砂の予測が向上している。そのおかげで、黄砂に特化した素人目にもわかりやすい黄砂予報が、気象庁のホームページで恒常的に発信されている。一方、九州大学の竹村俊彦はSPRINTARS（Spectral Radiation-Transport Model for Aerosol Species）を開発し、黄砂だけでなく煙霧に関しても日本への飛来状況を予測し、ホームページで一般公開している。黄砂は、砂漠からの砂粒子だけでなく、海塩や煙霧が混合することで、視程の程度なども変わってくる。竹村は、黄砂鉱物粒子、煙霧、海塩などのエアロゾルにかかわる物理化学過程を計算式で表現し、観測データに合致するようにシミュレーションプログラムを組み上げた。そのため、日本に越境する大気粒子を網羅的に予測できる。予測の評価は、黄砂や煙霧が実際に飛来したときに限定し、飛来規模を四段階に分け、実測値と比較して検証し、プログラムの精度向上に努めている。こうして、一週間先までの飛来予報を可能とし、黄砂と煙霧に分けて九州大学のホームページで公開されている。SPRINTARSは、一般への公衆衛生情報の開示のみならず、IPCC（気候変動に関する政府間パネル）の温暖化予測にも貢献してきた。

黄砂予報の精度は上がり、砂漠で砂塵が生じれば、黄砂の飛来ルートを的確に予想し、日本各地で生じる黄砂の強弱に至るまで予見できるようになった。ただし、〝砂漠で砂塵が生じれば〟という前提がある。じつは、黄砂予報では黄砂発生源での砂塵の舞い上がりを過大評価することが多い。シミュレーションでは砂漠で風が強いので砂が舞い上がったとするが、実際には地面は枯草に覆われており、予想より砂の舞い上がり量が少なかったりする。よって、砂漠で砂が舞い上がっていないにもかかわらず、砂塵が発生したと想定してルートが計算され、黄砂が飛来すると予想し、実際には黄砂が飛来しなかったという場合もある。先に述べたとおり、黄砂発生源の砂漠で砂が舞い上がる詳細な過程はわかっていないため、前出の黒崎泰典や石塚正秀がゴビ砂漠の観測サイトで飛砂の研究を根気強く継続しているのである。彼らの成果がいつかは黄砂予報に反映され、予報精度が向上するかもしれない。しかし、現状では、黄砂を採取するのであれば、黄砂予報に頼りながらも、砂漠での砂塵発生や東アジアでの黄砂の発生情報などもまじえ、黄砂が実際に飛来した際に観測を実施するのがよい。

ところで、砂塵発生や黄砂飛来の状況はどのように調べるといいのだろうか。まず、砂漠での砂塵発生を確認する方法として手っ取り早いのは、現地の人から情報を得ることだ。タクラマカン砂漠やゴビ砂漠の地元の住人ともメールで連絡がとれる時代になっており、海外の共同研究者に尋ねれば、現地での砂塵の発生状況を得られる。ただ、客観性には欠けるのが難点である。

一方、黄砂や煙霧を客観的にウェブ上でリアルタイムに確認できる手段として、ライダーネットワークがある。ライダー（ＬＩＤＡＲ：Light Detection and Ranging）とは、空に向かってレーザー光を打ち上げ、大気粒子によって散乱され返ってきた光を受光器で捉え、その光量に基づいて黄砂や煙霧を定量的に測る測定方法である（図12）。特に、黄砂の鉱物粒子の表面にある凹凸は、レーザー光の偏波（電場・電磁の振動面の偏り）を散乱の際に乱す（偏光が解消すると言う）。これに対し、煙霧に含まれ

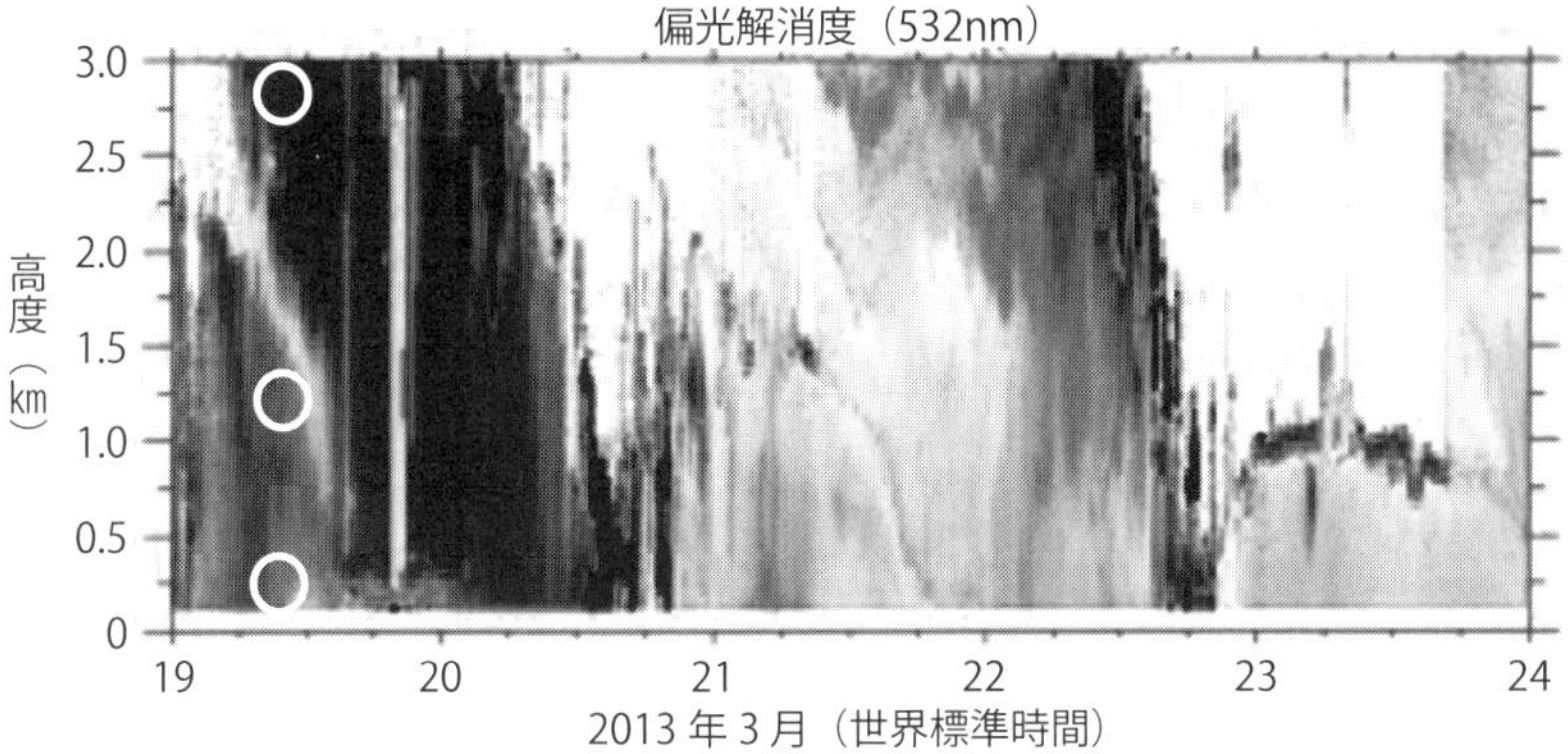

図12　ライダーで測定した偏光解消度

白丸のところの日時（2013年3月19日）の高度で大気粒子を捕集した。この日、上空3kmの色（偏光解消度：粒子の凹凸の指標で、高いと鉱物粒子が多いことになる）が濃くなっており黄砂が飛来しているのがわかる。一方、1.2kmや地上あたりの色は薄く、黄砂の影響は小さい

る汚染粒子は、ススや硫黄酸化物であり、表面の凹凸が少なく球状かそれに近いので、返ってくる光の偏波に乱れが少ない。よって、返ってくる光の乱れ（偏光が解消する程度）を測定すると、黄砂と煙霧を分けて検出できるわけである。ただし、一粒子あたりの凹凸の程度はさまざまなので、偏光解消度はあくまで観測した全粒子の凹凸の総量になるが、偏光解消度が高いと強い黄砂になる傾向にある。

ライダーの測定機器は、東アジアを網羅するように、モンゴルの三都市、ソウル、富山、松江、大阪など十数カ所以上に設置され、黄砂や煙霧の越境が日々モニタリングされている。これらライダーの測定網は、環境計測研究を専門とする杉本伸夫と清水厚ら（ともに国立環境研究所）の長年の努力によって築かれた。さらに、彼らは、複数

のライダー測定データをリアルタイムで一カ所に集約し、黄砂や煙霧の発生状況を視覚的に理解しやすく図化して、一般公開するシステムも構築した。ライダーネットワークのホームページ（AD-Net：https://www-lidar.nies.go.jp/）にアクセスすると、各都市での黄砂や煙霧の今の発生状況がわかるだけでなく、過去の発生に関するデータも入手できる。本ネットワークは、大陸から日本への越境大気を監視する数少ないシステムであるが、黄砂や煙霧が問題になったときを除くと注目度が低い。そのため、運用維持には苦労があると聞く。ただ、開発が続く大陸から飛来するのは、黄砂や煙霧だけでなく、微生物を含め未知なる粒子も考えられ、大陸からの越境粒子に対する防衛システムとしても本ネットワークの維持は必須である。

こうした越境大気を予報・管理するシステムを駆使すると、黄砂の観測に至るまでの手順は以下のとおりになる。①予報で黄砂の飛来を確認する、②黄砂が飛来するようなら、共同研究者に、砂漠での砂塵の発生状況をメールで聞く、③砂漠での砂塵発生が認められたら、AD-Netでソウル、富山、松江、大阪などの観測拠点での黄砂の飛来状況を調べる、④黄砂が強まりそうなら、飛行機や気球、建物屋上で大気粒子を捉える観測の段取りをすすめる。

先述のとおり、砂漠で砂塵がなくても黄砂予報は黄砂飛来を指示する場合がある。また、砂漠で砂塵が生じても、黄砂が北の北海道方面にそれたり、南の九州方面だけをかすったりと、観測拠点を設けた能登では観測が空振りに終わってしまうことも多い。そのため、黄砂予報をメインに、砂漠での砂塵や中継地での黄砂の情報などもまじえ、観測に備えるのが万全である。情報を見て、現地で砂塵が生じていないなら観測を取り止め、黄砂が北や南にそれるなら、それぞれに観測拠点をもつ研究者に試料採取を依頼すればよい。

能登には文化もエアロゾルもじかにやってくる

日本で国際交流豊かな都市というと、東京、大阪などは国際線のハブ空港があり、海外からの旅行者も多く、その周辺都市も国際化がすすんでいる。しかし、航空網が発達する以前は、中国大陸に距離が近い日本海側が国際的には中心だったようだ。能登半島も好例であり、日本海を跨いで人が頻繁に渡来していたと言われる。能登半島の海岸を歩いていると、韓国語の記された漂着物もよく目につく。能登にいて黄砂がぐると、黄砂が新鮮なのか中国大陸の匂いがすることもある（これは私だけかもしれないが）。北陸に住むと感じるが、中国大陸は距離として近いのだ。

自然の摂理に従う黄砂や煙霧も、古代の渡来人と同じく、まずは日本海を跨いですぐの北陸に上陸しやすい。したがって、日本に到着して間もない黄砂や煙霧の粒子を捕集するには、北陸などの日本海側が適地になる。特に、北陸の能登半島は、日本海側に突き出ており、北と西からくる越境大気を日本の陸域の汚染を避けて、黄砂と煙霧を観測できる（図13）。さらに、能登半島で、飛行機や気球を飛ばせ

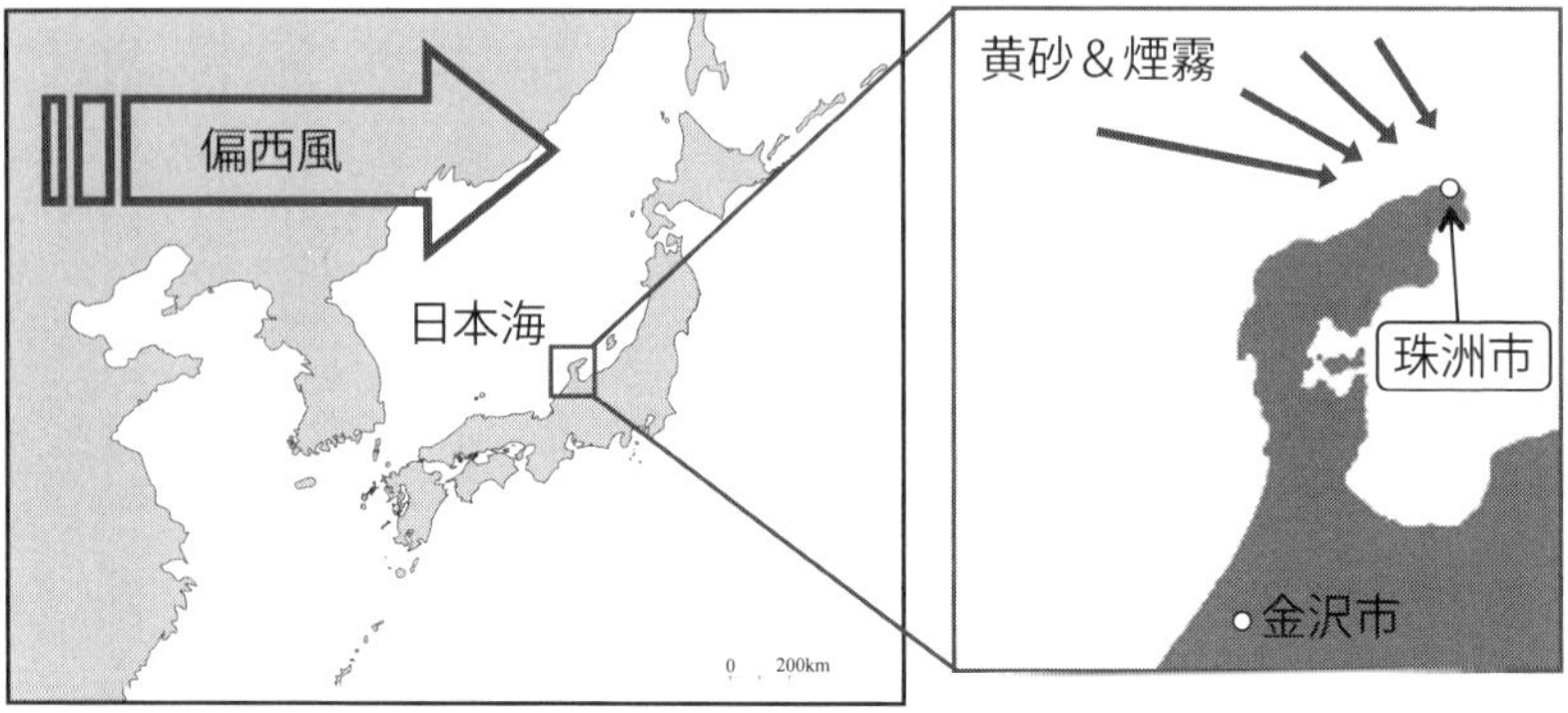

図13　日本海のアンテナである能登半島
中国大陸から越境輸送されてきた大気粒子を、日本上陸直後に採取するのに能登半島は適地である

ば、上空を通過する高純度の黄砂や煙霧の試料が得られる。日本海に突き出た能登半島は、中国大陸からの越境大気を捉えて調べる〝日本海のアンテナ〟と呼んでも過言ではない。

当初は敦煌《とんこう》に興味があり、黄砂発生源の砂漠での大気観測を優先させていた。そのおかげで、砂漠の地表面を漂う大気微生物が、上空八〇〇メートルにまで舞い上がっていることが判明した。タクラマカン砂漠では、四方を囲む山脈に沿うように渦状に風が吹き、上空へと砂とともに空気が噴き出している。よって、上空八〇〇メートルの粒子は、この上昇気流に乗じて、数千メートルまでに一挙に上昇し、偏西風に乗る。

偏西風は、東アジア上空数千メートルを吹く風であり、日本人によって発見された。偏西風を知っていた日本人は、第二次世界大戦中、直径一〇メートルもある風船に爆弾を搭載し、偏西風に乗せてアメリカ領土を爆撃しようとした。

日本軍の兵器〝風船爆弾〟である。実際にアメリカ領土に数発着弾しており、木などに引っかかった爆弾に触って起爆し、民間人が犠牲になっている。風船爆弾は奇異な兵器であるが、アメリカの国民を恐怖に陥れたらしい。中国の砂漠地帯から日本まで三〇〇〇キロメートル以上もあるが、風船が長距離移動できるのであれば、微生物も日本まで運ばれていても不思議ではない。しかし、敦煌の上空で優占し長距離輸送されると当てをつけたバチルスが、本当に能登の黄砂でも見つかるのだろうか。それを調べるには、日本海のアンテナである能登半島で観測してみなければならない。

能登半島の上空は慌ただしい

朝、目覚めて外を見ると空が真っ黄色だった。二〇一〇年三月二〇日、強烈な黄砂が日本に来襲した。私はスキー場におり、雪面が黄土色に染まり、黄色の雪原をスキーで滑走した。スキー板が傷まないか心配だ。それよりも、黄砂に運ばれる微生物を調べている研究者が、なぜスキー場で遊んでいるのだ？じつは、この一週間後の三月二七日にジェット飛行機で観測する予定だったので、息抜きにスキーに来ていたのだ。それなら、二〇日に繰り上げて飛行機観測すべきだと言う声もあろう。確かにそのとおりで、私も飛行機を飛ばしたく、忸怩《じくじ》たる思いであった。仕方ないので、敗北した球児が甲子園で砂を持ち帰るかのごとく、滅菌したチューブに黄砂の入った雪を入れて持ち帰った。滅菌したチューブをいつも持ち歩いているのは、環境微生物学者のたしなみである。

なぜ三月二〇日に飛行機を飛ばせなかったかを弁明すると、飛行機のチャーターは一カ月前に予約しなければならず、飛行経路も確定しておく必要があったためである。そのため、直前に三月二〇日に変更しますとは言えないのだ。しかし、幸い三月二七日にも弱めだが黄砂の飛来が確認された。これは私の感覚だが、三月二〇日の黄砂の残存粒子が、二七日にも漂っていたのではないかと考えている。よって、二〇一〇年三月二七日に能登上空三〇〇〇メートルで黄砂の採取に成功し、面目は保たれた。その後、能登半島の上空で観測用の飛行機を数回飛ばしたところ、なかなか良好な黄砂（要は濃い黄砂）にはめぐりあえず、そればかりか、二〇一〇年五月一五日には、まったく黄砂がないきわめて粒子が希薄な日であっても、泣く泣く飛行機を飛ばさなければならないはめになった。しかし、この完全な非黄砂時に採取した試料は、通常の微生物種を知るバックグラウンドになり、結局重宝した。非黄砂時の通常の微生物種を知っておくことで、黄砂時に顕著に増えた微生物種が明確になり、黄砂によって運ばれてきた微生物を特定できるわけである。このように、実験には、〝対照区〟といって、まったく何も細工していない条件を設けておく必要がある。

今回、観測で使用した飛行機は、観測用に改造されている。どの部分かというと、屋根にあけた直径一センチメートルほどの穴だ（図14）。人間でいうと、耳にピアスをあけているか、あけていないかの些細な程度である。だが、飛行機は屋根に穴をあけて勝手に飛行したら、航空局から大目玉を食らう。

図14　観測用飛行機を使ったサンプリング方法
左：飛行機を使って高度2,000〜3,000mを浮遊する粒子を採取した
右：観測用飛行機の屋根の穴からホースをサンプラーに導いて、外気を浮遊する粒子を捕集する

飛行機は穴一つだけで、機体構造のバランスが崩れ、墜落など危険な状況になる。そのため、穴をあけたり、付属品をつけたりするときには、必ず許可を得なければならない。その許可を得るための検査に多額の費用を要する。ちなみに今回の観測機の屋根の穴だと、検査費も含め数千万円ほどかかるのだ。これが、穴一つ屋根にあるだけで観測機を観測機たらしめる所以《ゆえん》である。この観測機を能登半島の先端にある珠洲《すず》市から日本海沖合にかけて高度三〇〇〇メートルで飛行させ、屋根の穴に外気がふれるくらいまでホースを挿しこみ、そのホースの反対側をサンプラーにつないで、フィルター上に大気粒子をエアポンプで吸引捕集する。

繰り返しになるが、黄砂日に合わせて大気粒子を採取するのは意外に難しい。そのため、先述の飛行機観測のように黄砂日（二〇一〇年三月二七日）と

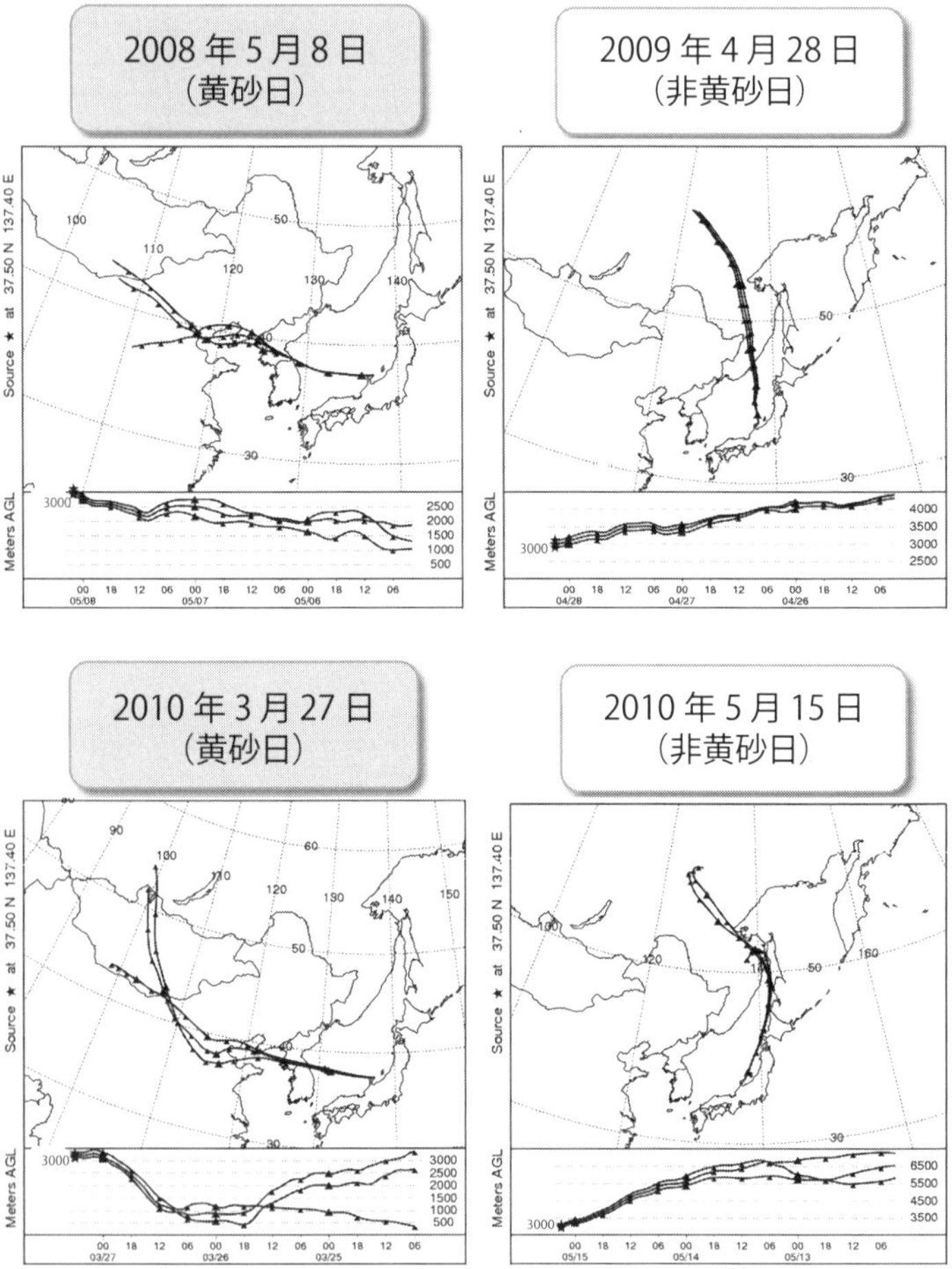

図15　黄砂日と非黄砂日に珠洲まで飛来した大気の流れ

それぞれの時期に上空で大気粒子を採取し、粒子に含まれる微生物群を比較した。黄砂日と非黄砂日を比較できる貴重な試料である非黄砂日（二〇一〇年五月一五日）で比較できる試料が揃うのは運がよい。じつはさらに幸運なことに、飛行機観測の以前に、係留気球を使って黄砂日（二〇〇八年五月八日）と非黄砂日（二〇〇九年四月二八日）の粒子を、珠洲市で採取できていた（図15）。

能登観測での試料をはじめて分析するにあたり、凍結保存されていた試料のうち、黄砂と非黄砂を比較するのに条件のよい試料を選別した。それが前述の四つの観測日の試料になる。一方で、黄砂日が曖昧であったり、気象条件が不十分であったりしたため、分析に使用しなかった試料もある。観測を繰返し、選りすぐりの非常に条件のよい試料で解析したほうが、明確な結果は出やすい。マグロでもトロの部分は極上であるように、今回の分析に使用する四試料はトロにあたるわけだ。研究者によっては、目的とした環境条件にかなった試料（私の場合は黄砂の試料になる）が得られた場合は、それに多幸感を抱き、実験に使用せずコレクションのように保存しているという話をよく聞く。私には非常にその気持ちがわかる。

日本海を渡ってくる黄砂は塩辛い

さて、能登上空で採取したトロ並みの大気粒子の懸濁液を、細菌用の液体培地に接種し、微生物成長量を調べた。ただ、液体培地に一工夫した。日本海を越えて日本に飛来する黄砂は、日本海の荒波で舞い上がった海水と混合されてくるので、海水成分の結晶である海塩を含む。この海塩の塩に、黄砂と飛来する微生物は耐性があると考えた。しかも、細胞周辺で塩濃度が高くなると、浸透圧の作用のため、塩濃度を下げるように、細胞内の水分が細胞外へ放出され、脱水症状になる。脱水症状は、水が抜けて不足する症状で、乾燥状態に置かれた細胞と似た状況であるため、耐塩性があれば大気中の乾燥にも耐えやすいことになる。したがって、「〝耐塩細菌〟は、大気中で生存しやすく、黄砂とともに長距離輸送され、生息域を広げる」という仮説を立てた。実際に、日本の東京周辺数地点で分離した耐塩細菌が同種であることを遺伝子レベルで明らかにし、黄砂によって耐塩細菌が東京一円に分散したとする報告もある。つまり、大気中に浮遊する耐塩細菌に焦点をしぼって集積培養すれば、長距離輸送された微生物群種を効率的に分離培養できると期待した。

そこで、液体培地に含まれる塩の濃度を〇、三、一〇および一五パーセントと変え、高濃度の塩を含んだ液体培地も準備した。大気粒子をそれぞれの培地に接種し二、三日培養すると、〇や三パーセントの淡水か海水程度の塩濃度では、黄砂でも非黄砂の試料であっても培地が濁りだし、細菌の増殖が確認された。ただ、一〇および一五パーセントの高塩濃度の培地では、濁りがまったく見られない。やはり、こんな塩辛い培地に生える微生物は特殊な環境にしか生息しないのだろうか、と考えてさらに数日過ごすと、高塩濃度の培地が少しだけ懸濁しているように思えた。懐疑的であったが、一〇日間培養すると、高塩濃度の培地で細菌が増殖しているのは明らかであった。しかも、黄砂の試料を加えた培地でのみ、

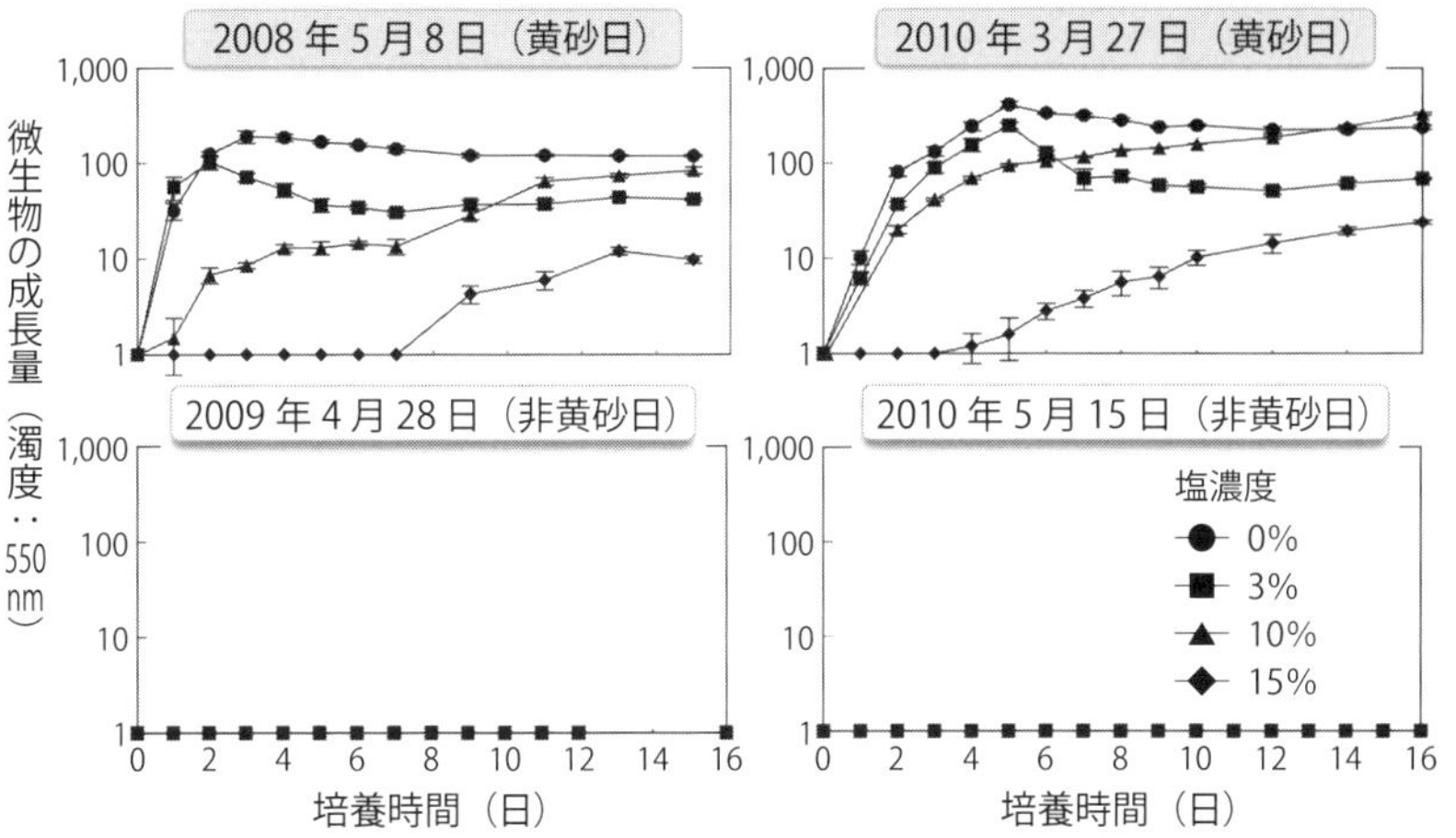

図16　大気粒子を液体培地に添加した後の微生物の増殖変化

塩濃度を0%、3%、10%、15%と変えた液体培地に大気の粒子を加え、微生物を培養した。微生物が増殖すると培地が濁る。その濁度を培養期間中に測定し、増殖曲線を描いた。黄砂日にのみ高い塩濃度の培地で微生物の増殖が見られたので、耐塩細菌が黄砂とともに運ばれていることがわかる

増殖が見られたのだ（図16）。予想どおり、黄砂には、塩に耐性のある細菌が生きて含まれていたのである。すでに、耐塩細菌群の一部は、環境ストレスに強い耐性を有するため、極限環境でも生残しやすいことが知られている。黄砂が飛来した能登半島上空では、少なくとも数種類の耐塩細菌が、大気中の厳しい環境ストレスに耐え、生残しつづけていることが実証された瞬間であった。

液体培地から分離した細菌株の種類を、分類指標である遺伝子配列を使って調べると、バチルス属あるいはスタフィロコッカス属に属した。バチルス属の株は、敦煌の分離株と同種だった。スタフィロコッカスはバチルスに比較的に近縁であり、大気中

から頻繁に分離培養される。大気中を頻繁に浮遊しているようで、食品などに付着し食中毒を引き起こす黄色ブドウ球菌などの種がこの属に含まれる。スタフィロコッカス属の細菌種は細胞同士が凝集しやすく、その凝集した状態で大気中を浮遊するため、外側の細胞は死んでも内側の細胞は生き残って風送されると考えられる。細菌のような単細胞生物であっても、意思があって利他的に生きているように見えるのは不思議である。ただ〝利他的〟というのも個体や死を認識できる人間特有の考えであり、個体や死の概念もない細菌にとっては、機械的に生き残るグループと死滅するグループに分かれていくのであろう。非常にタフ&クールだと思う。

能登半島上空の黄砂試料から細菌を分離培養できたのは大きな一歩であるが、大きな難題が残る。環境中に生息する微生物の大部分（九〇～九九パーセント）は、分離培養できないと言われている。バチルスもスタフィロコッカスも多数の分離株として培養されてはきたが、黄砂に乗ってやってくる微生物としてはマイナーなのかもしれない。この問題に答えを与える論文が一九九〇年に登場し、微生物生態学の研究アプローチに革命がもたらされた。

環境微生物の分析方法

一九九〇年、海洋微生物学者のスティーブ・ジョバノーニが、外洋海水に含まれる細菌ＤＮＡを使って、細菌を分類できる〝種の顔〟である16ＳｒＲＮＡ遺伝子配列を解読し、培養されていない数百種の細菌種を発見した。特に、ＳＡＲ1は海洋にのみ生息する種であり、後にはこのＳＡＲ1の系統は海洋細菌の大部分を占めることも判明した。それまで分離培養できる種は限られているとされてきたが、実際に多種多様な細菌種が分離培養できていないことを世に示した事例である。さらに、ＳＡＲ1は低栄養を好み、外洋海水の濾過水でのみ培養したところ、培養に成功した。通常、栄養の多い培地で培養するが、まったく反対の発想であり、適切な培地でなら培養できることを示している。しかし、適切な培地を検討するには、まずＳＡＲ1のように〝鍵となる種〟の存在に見当をつけるため、試料に含まれる細菌種を網羅的に知っておく必要がある。要は、試料に含まれる細菌の遺伝子データベースをつくるわけである。遺伝子データベースは、環境試料に含まれるゲノムＤＮＡである〝環境ゲノム〟を抽出し、環境ゲノムの16ＳｒＲＮＡ遺伝子配列を解読することで構築される。16ＳｒＲＮＡ遺伝子配列は細菌の〝種の顔〟なので、培養できない細菌であっても、遺伝子データベースには試料中の全細菌種の顔が並ぶわけである。

バイオエアロゾル研究に着手した二〇〇七年ごろ、微生物の環境ゲノムから遺伝子データベースを構築するには、クローニング解析がおもに使われた。環境試料からゲノムＤＮＡを抽出し、ゲノムＤＮＡに含まれる16ＳｒＲＮＡ遺伝子配列を、ＤＮＡを増幅させるＰＣＲ（Polymerase Chain Reaction）法で増やす（図17）。増幅して得られたＰＣＲ産物には、試料中にいた微生物の種数だけ遺伝子配列のバ

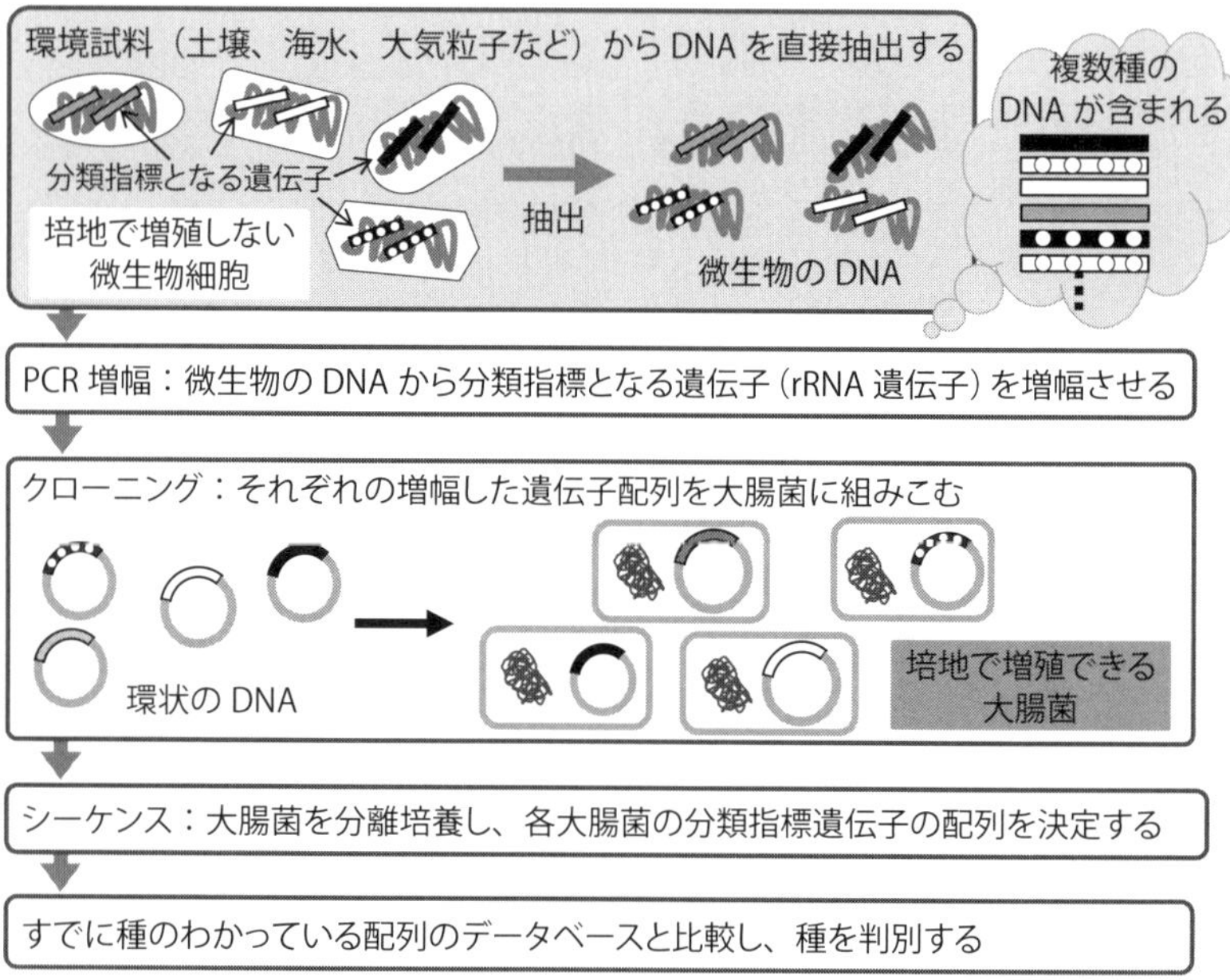
環境試料（土壌、海水、大気粒子など）からDNAを直接抽出する
分類指標となる遺伝子
培地で増殖しない微生物細胞
抽出
微生物のDNA
複数種のDNAが含まれる
PCR増幅：微生物のDNAから分類指標となる遺伝子（rRNA遺伝子）を増幅させる
クローニング：それぞれの増幅した遺伝子配列を大腸菌に組みこむ
環状のDNA
培地で増殖できる大腸菌
シーケンス：大腸菌を分離培養し、各大腸菌の分類指標遺伝子の配列を決定する
すでに種のわかっている配列のデータベースと比較し、種を判別する

図17　クローニング法を使った微生物の群集構造解析
「培養できない微生物」の分類指標遺伝子を、「培養できる大腸菌」に遺伝子組み換えし、大腸菌を分離培養することで、もとの分類指標遺伝子の配列を決定する。決定した配列から培養できない微生物の種組成を明らかにできる

リエーションが含まれており、種の割合も反映している。多い種はPCR産物も多く、少ない種は少なくなる。

次に、それぞれPCR産物を大腸菌に組みこむ。ここでミソは、大腸菌一細胞が一本のPCR産物をもち、クローン株（同じ遺伝子をもった大腸菌株）として単離されることだ（形質転換）。クローン株に組みこまれたPCR産物配列を一本解読すれば、試料中の微生物種の一種がわかり、複数株のPCR産物を解読して種組成（種の内訳）が求められる。

ＰＣＲ産物は、ＡＴＧＧＣＣＴＴＡＡＣＣなどの核酸配列で構成されている。能登の試料から得られたＰＣＲ産物の核酸配列はサンガー法によって解読した。サンガー法では、ＰＣＲ産物の配列をもとに、ＤＮＡの構成成分の塩基であるＡ（アデニン）、Ｔ（チミン）、Ｇ（グアニン）、Ｃ（シトシン）を新たに取りこませて、一方向に新たな配列を伸ばしていく。この時、間違ったＡ、Ｔ、Ｇ、Ｃの塩基を混ぜておくと、間違ったものを取りこんだところで、配列の伸長が止まる。すると、ＰＣＲ産物の配列に応じたさまざまな断片長が生じる。さらに、間違った塩基Ａ、Ｔ、Ｇ、Ｃに異なる色をつけておくと、それぞれの塩基で伸長が止まった断片で色が異なるようになる。この色をつけたＤＮＡ断片の溶液を、約二〇センチメートル長の直径一ミリメートルに満たない内径の毛髪のような樹脂（キャピラリー）に流し、それぞれの色をカメラで検出していく。短い順にＤＮＡが通液した先に流れてくるので、間違ったＤＮＡのＡ、Ｔ、Ｇ、Ｃと異なる色を識別しながら検出された順に色をつないでいくと、ＰＣＲ産物の核酸配列になる。したがって、一種の微生物種を決めるのに、一本のキャピラリーが必要となる。バイオエアロゾル研究を始めたころ、九六本のキャピラリーが装填された解読機器があり、一回に九六本のＤＮＡ配列を決めることができた。

この解読方法は、フレデリック・サンガーによって開発され、サンガー法と言われており、彼はＤＮＡの解読の前には、タンパク質のアミノ酸配列の解読法も確立し、ノーベル化学賞に二度輝いている希有な人物である。

さらには、解読したDNA配列を比較することで、生物を機械的に分類できるようになった。ダーウィンの『種の起原』が執筆された時代は、生物の形態に基づき、分類学者の専門的な知識と経験に基づいて、生物は種に分類されていた。博物学と言う。一方、DNAの配列を解読できるようになると、DNAには〝機能をもたないジャンクな配列〟が存在することがわかってきた。人で言うと九七パーセントがジャンクな配列である。ダーウィンの進化論では、生物がもつ機能が環境に適応しているものほど子孫を残すとしている。すると、機能をもつ三パーセントのDNA配列のみで進化が決まる。しかし、ジャンクな配列は機能をもたないので環境変化による選択は受けず、ただDNAの変異が蓄積しやすい。しかも、その変異が生物集団に広まり、ジャンクな配列の変異が集団に保存され残っていくこともある。このジャンクな配列の変異が集団に残るのも進化とみなせる。これは中立説と呼ばれ、分子生物学者である木村資生《もとお》によって提唱された。さらに、木村は、あるジャンクな配列変異をもった集団ともたない集団で種が分かれ、ジャンクな配列の変異の程度で、種分化した後の進化の時間まで理解できる理論を構築した。この発見により、進化が定量的に捉えられるようになり、生物種を機械的に分類できるようになったのである。

黄砂で運ばれてきた微生物の遺伝子データを得るため、クローニング解析を実施した。クローン株を集め、一株ずつ組みこまれた16S rRNA遺伝子を解読するには、手間と時間を要する。そのため、解析数を抑え、黄砂で運ばれる微生物が浮き彫りになるような試料選定が重要である。自然と、先に分離培養に使用した、マグロのトロとも言える四つの試料を解析することになった。飛行機と気球で採取した黄砂と非黄砂の試料である。

クローニング解析は順調にすすみ、細菌の種組成が導き出された。すると、黄砂試料に含まれる細菌の八〇パーセントが、バチルス・サブチリスと近縁あるいは同種となった。分離培養でも優占していた土壌由来の細菌である。黄砂の試料に関しては、環境微生物の大部分は培養できないという従来の法則に従わず、試料に含まれる優占種が無難に培養されていることになる。一方で、黄砂試料に含まれる残りの二〇パーセントには複数種の細菌が含まれており、分離培養されていない細菌種である。我々がまだ知らない多くの細菌種が黄砂とともに飛んでいるようだ。

これに対し、黄砂の飛来がなかったときに試料を採取し解析すると、全細菌の六〇パーセントがプロテオバクテリア門に属した。黄砂日にはマイナーであったが、黄砂のない通常の日本では、プロテオバクテリア門の細菌種が多いようだ。この門に属す細菌種は、海や森林などで検出されやすい。日本は国土の六〇パーセントが森林に覆われており、ちょうど能登半島を取り囲む海や森林から微生物が恒常的に飛んでいるのかもしれない。ちなみに、黄砂日の珠洲上空には砂漠からの西風が入りこんでおり、黄砂が弱まると北のシベリアあたりからも気塊が入りこんでくる（図15）。もしかすると能登半島の森林由来と思われていた細菌もシベリアの森林から飛んできたとも推測できる。

能登の土着細菌であっても、シベリアからの来訪者であっても、珠洲の上空では、風が変われば、土壌由来の細菌から海・森林由来の細菌へとがらりと変わるのは確からしい。能登上空の微生物事情は大変慌ただしい。

海からのバイオエアロゾルの源はマイクロレイヤー

海洋微生物が、日本上空にまで飛ぶと聞いて驚かれたかもしれない。先述のとおり、日本の内陸の上空から海起源の海塩が頻繁に検出される。海洋微生物も浮遊していても不思議ではない。ただ、海塩は、塩化ナトリウムやマグネシウムなどの化学物質であり、分子量も小さいため、大気中へと放出されやすい。一方、数マイクロメートルとやや大きい微生物粒子が海から舞い上がるのは難しく思える。じつは、海洋から舞い上がる微生物の中には、手で捕まえられる大きさのものもある。能登半島の先端にある輪島《わじま》では、日本海の冬の風物詩として知られる〝波の花〟が見られる。波の花は、大量に増殖した植物プランクトンが冬の荒波でもまれ、海洋表面で泡状化し、泡が岸壁に打ちつけられ、気中を舞う現象だ。植物プランクトンの細胞に含まれる脂質成分は粘性があり、海洋表面で泡は凝集して、大きければ野球ボール大で冬の鉛色をした空に打ち上げられる。

波の花は海の微生物が宙を舞う極端な例であり、緩やかなさざ波であっても、微小な生体粒子は海洋表面から頻繁に飛び出ている。海洋表面は〝マイクロレイヤー〟と呼ばれる厚さ数マイクロメートルの〝膜〟で覆われている。海洋微生物が自然に死んだり、ほかの生物に捕食され、食べ残しや糞になったりすると、死骸成分が海水中を漂う。細胞の死骸成分は基本的には有機物であり、水になじみにくく、水より比重も軽いため、表面に浮き上がり海洋表面で凝集する。有機物である油が水に浮かび上がるのと同じだ。よって、海洋表面のマイクロレイヤーには、微生物の死骸成分が凝集しており、さらに、その成分を餌にして微生物が増殖する。当然、マイクロレイヤーは、海水よりも高密度に微生物成分を含むため、微生物成分あるいは細胞の濃縮装置ともみなせる。海洋表面のマイクロレイヤーが波打たれると、小さい泡を生じ、その泡が弾けると、小さい水滴が飛び散る。この水滴のまわりはマイクロレイヤーが取り囲んでおり、濃縮された微生物とともに大気へと放出されるのである。そのため、海洋由来の微生物は、海水に生息する種で構成されており、αプロテオバクテリアやシアノバクテリアが優占する。

植物の表面はバイオエアロゾルの宝庫

植物体の表面を起源とするバイオエアロゾルも多い。街路樹の幹の一部分が、灰緑色の膜に覆われていることがある。膜上にはヒダヒダが幾重にも出ている場合もあり、ヒダは簡単にむしり取れるが、その基部は剝がれず幹にべったりとついている。光合成でエネルギーを得る緑藻やシアノバクテリアを共生させた真菌が、幹の上で増殖し広がったのが、灰緑色膜の正体である。〝地衣類〟と呼ばれる。

この膜は、町や山の樹木の幹などに普遍的に見られるため、地衣類を構成する微生物は頻繁に大気中を移動しているはずである。実際に、建物の屋上で採取した大気粒子からは、シアノバクテリアが優占種として検出されやすく、我々の生活圏での風送拡散は十分に考えられる。しかし、上空から地衣類の微生物種が検出されることは少なく、高高度までは到達していないように思える。地衣類は樹木の種類を選んで増殖しているかもしれず、遠方では、お気に入りの樹木に出会えないので、遠くまで飛ぶ必要がないのかもしれない。

一方、植物の葉の上に生息する微生物も、バイオエアロゾルとして注目されている。植物の葉上には〝葉毛《ようもう》〟という微小な毛が生えており、葉から過度に水蒸気が蒸発するのを防いでいる。この葉毛に多種多様な微生物が生息している。葉毛に生息する微生物は、居場所を借りているかわりに感染菌の増殖を防ぎ、栄養物質を植物に与えている可能性がある。このように葉毛に生息する微生物相は、植物の成長や生理に大きくかかわっており、〝植物の腸内微生物〟とも言われている。

葉毛は葉の表面を覆い、葉から蒸発する水分を極力少なくしているため、乾燥地など乾燥しやすい環境では、植物に葉毛が生えていることが多い。タクラマカン砂漠の敦煌でも、街中の園庭の植物を見ると、いずれの植物にも葉毛が見られた。一方、日本では、湿潤なため、葉毛の生えている葉を見ることが意外に少なく、ツルツルした葉が多い。ただし、五月ごろの新緑が芽吹くころには、木々から生えはじめた新葉の上に葉毛をよく見かける。新葉が初夏の風にそよぐと、葉毛は簡単に空気中を舞い、陽光の中でキラキラ輝く。強い風だと多量の葉毛を空気中に運び去るのではないかと推測できる。五月の強風の日、山間に駐車しておくと、フロントガラスの上に短い毛が多数確認される。新緑豊かな時期には、葉毛が飛びかっているのであろう。

このように、山野の多い日本では植物表面に生息する微生物が風送され、優占種として大気中から検出されるのは必然である。ただし、地衣類を構成する微生物の風送に関する研究例はほとんどなく、葉毛に生息する微生物についても知見は限られる。つまり、空気中を漂う植物由来の微生物が、ヒトや動植物へ及ぼす影響はほとんどわかっていない。

日本上空には、普段は山野の植物に由来する微生物が漂い、黄砂が生じると運ばれてきた土壌微生物が増える。そこに日本海で巻き上げられた海洋微生物が混じる。空では黄砂によって微生物群が入れ替わるようだ。しかし、釈然としないものが残る。今回、能登で捉えた微生物株や微生物のＤＮＡが、本当に砂漠からきた確証は得られていない。あくまで〝黄砂発生源の敦煌〟でも、〝黄砂が生じた能登〟でもバチルスが優占したというのが事実としてあるだけだ。今回の能登観測の結果は、高い純度の黄砂を含む試料から得られたが、全二試料（対照区を入れると四試料）を解析したのみである。二試料だけなら、その日にバチルスが日本国内で突発的に巻き上がったのを検出した可能性はある。やはり、黄砂日を含め連続した観測日で、大気を浮遊する細菌群の変化を押さえなければならない。そのためには、解析する試料数を増やす必要があるが、これまで述べたとおり、その単純なバージョンアップが難しい。

ところが、その打開策が〝北陸特有の豪雪〟、そのころ同時に行っていた富山県立山連峰の積雪断面調査にあったのだ。しかも、クローニング解析に代わる〝パワーツール〟が台頭し、追い風となった。

3 雪山はエアロゾルの冷凍庫

北陸豪雪を利用したエアロゾル研究

北陸地方には西からいろいろなものが風で運ばれてくる。黄砂や煙霧などの大陸からの粒子もまずは北陸など日本海側から上陸しやすい。シベリアで火災が起こった際にも、そのススが北西方向くらいから北陸に飛んでくる。では、大気を介して最もたくさん北陸に上陸してくる物質は何だろう。黄砂や煙霧、ススでもなく、〝水〟である。大陸からの乾いた空気が、日本海の水を大量に吸い上げ、偏西風に乗って吹きつけるのだ。そのため、北陸地方には雨と雪が多い。夏は、太平洋の高気圧が偏西風を遮るので、北陸にも晴れの日が多いが、冬は水を含む偏西風が日本海側から太平洋側に吹き抜けるため、その途中で日本アルプスに遮られ、雨雪となる。北陸の冬は、常に鉛色の低い雲に空一面が覆われ、雨か雪かが絶え間なく降る。

冬には一カ月で晴れは一日あればよく、北陸に住めば、雲間から少し太陽が見えると晴れに認めたくなるくらい陽の光はめずらしい。大阪のラジオでは、一日雨だと大騒ぎし、その日一日が台なしになったかのようにＤＪが落胆する。しかも、梅雨の時期になると、雨が数日間続くだけで、早く梅雨が明けないかと、祈願しだす。一方、北陸の冬は梅雨どころのさわぎではなく、冬の三カ月間は、雪か雨かが断続的に降り、その降り方も凄まじい。大粒の雨は地面を叩きつけ、風は台風さながらであり、雪は静かに降り積もるも、雷鳴のごとく屋根雪が地面に落ちる。車に乗っていると、雨がフロントガラスを叩く音でカーラジオの声も聞きづらいくらいだが、耳を澄ますと、ＤＪが、「皆さん、雪と雨のおかげで水が溜まり、農作物などがよく育つのです。前向きに考えましょう」とリスナーを慰めている。北陸で冬の雪と雨と共存するには発想の転換が必要なのだ。

北陸の平地は、雪と雨が交互に降るため、積もった雪が溶かされ、積雪も数十センチメートルくらいですむ。しかし山間部、特に標高二〇〇〇メートルを超える山岳では、氷点下のまま雪が降りつづくので、積雪は徐々に嵩を増す。秋から春まで時系列に雪が溶けずに降り積もると、山岳を覆う積雪は一〇メートルを超える。この積雪が黄砂の採取に利用できるのだ。

富山県立山連峰の積雪の断面調査は、北陸の地の利を活かした観測アプローチであり、大気粒子の採取分析に重宝する（図18）。立山連峰の山頂付近には毎年六メートル以上の積雪があり、零下が続く秋

図18　富山県立山の雪積と積雪断面調査（2008年4月）
左：積雪断面を形成している雪原上でひとときの休憩を取っている
右：積雪断面を形成するため、穴を掘り、雪をかき出している。秋から翌春まで降雪とともに蓄積した大気粒子を積雪層から捕集できる

から春にかけて積雪が増えつづける。積雪には、降雪とともに、中国大陸からの黄砂や煙霧も一緒に保存され、積雪の下層から上層まで時系列に積もっていく。そこで、積雪層が維持されている四月の山開きに合わせて山に登り、積雪を掘って雪の壁をつくれば、黄砂や煙霧の層が刻まれた雪壁に対面できる。壁を横に広げれば、大陸からの粒子の大量捕集が可能となる。この雪壁をつくって大気粒子を採取する観測を〝積雪断面調査〟と言う。メリットは多いが、秘境のような雪山を登山するのは大変だろうと思われるかもしれない。じつは、立山の場合、ケーブルカーとバスで雪面にまでたどり着けるため、登山で体力を消耗するような問題はない。調査地付近に、たまに、ハイヒール姿の女性やスーツケースの観光客など高山に場違いな来訪者がいるのはこういうわけである。

そのような観光客でも登山できる場所が、標高二四五〇メートルの富山県立山室堂平《たてやまむろどうだいら》である。室堂平で人の往来が少ない雪面を見つけて、積雪断面を形成すべく雪掘りに取りかかる。雪掘りに関しては、大学教授と言うより山籠りが似合う山男風の富山大学の青木一真《かずま》が雪の好きな学生に声をかけて、積雪断面を形成する。とは言え、雪の中の黄砂を頂く立場にある我ら共同研究者勢も観測場所で見ているだけでは申し訳ないので、雪の穴の中から掘り出された雪を外に運び出す手伝いに精を出す。好天なら二日くらいで、雪を掘りすすめて土の地面にまで到達し、積雪断面が完成する。その後は、各研究者が思い思いの採取方法で、目的にかなった大気粒子を含む積雪試料を、積雪断面に刻まれた層から取っていく。バイオエアロゾルといった微生物、大気粒子に含まれる化学物質、雪の密度を測定するための雪そのもの、博物館で展示する雪の塊など目的は、参加研究者ごとにさまざまである。

積雪観測は二日から三日にまたがるため、立山の山頂付近で山小屋に宿泊するのだが、毎年、富山大学、富山県立大学、九州大学、金沢大学の学生と教員が五〇名以上になる。作業が終わるともちろん夕食を取る。その時に飲むビールは、格別であるではすまされないくらい格別である。

立山連峰での積雪断面調査

私は、関西圏で生まれ育ったため、北陸に住むまでは雪を見るだけでもめずらしかった。それが、今、見わたす限り白い立山の雪原に立っている。冷凍庫の中に保存された食べかけのかき氷の上にポツンといるバチルスのような気持ちだ。足元には数メートルにも積もった雪があり、いずれ消えてなくなると考えると、雪の少ない土地で育った私にすると心許ない。これから雪を掘るのだが、うまく観測地点まで歩いていって、スコップで雪かきできるのだろうか。ただ雪原の上に立っているだけで、非日常的な考えが立山を飛翔する雷鳥のように私の頭を飛びまわっていたのがはじめての積雪観測であった。

二〇〇八～二〇一八年の一一回観測に参加すると、非日常が毎年の恒例行事になり、四月になると積雪断面調査を楽しんだ。毎年、積雪断面の表情は変わる。黄砂や煙霧が多い年は、幾筋も浅黒い黄色い層が克明に刻まれた。黄砂や煙霧が少ない年は断面全体が比較的白っぽくなる。冬の間、降雪が少ないと積雪断面の高さも低めになり、暖冬だと早めに暖かくなり、溶解と凍結を繰り返した氷の板が幾筋も見える。こうした積雪の特徴は、雪氷学を専門とする川田邦夫（富山大学名誉教授）と島田亙《わたる》（富山大学）が、積雪断面を前に説明してくれる。当初、積もった雪などどれも同じと感じていたが、ここでも単純なものが複雑であることを思い知らされた。降り積もった後の温度変化などで積雪の性質が異なってくる。雪が積もって自重がかかると締まって〝こしまり雪〟になり、零下が持続し、さらに積雪に押されると〝しまり雪〟になる。溶けた雪の水を含み粒状になると〝ざらめ雪〟になり、より大量に雪が溶けて固まると〝氷板〟になる。山岳積雪の下部にざらめ雪が多くなると、上の雪が滑り、雪崩となる。そのため、雪氷調査でざらめ雪の層を見つけるのは、雪害の防災上で重要になる。あまりなじみのない積雪の性質だが、調べることで雪国の生活に役立っているのだ。

通年の積雪断面調査では、黄砂を含む積雪を一〇試料（層）ほど採取し、黄砂とともに飛来する微生物の数と種類を調べてきた。観測に入る四月中旬までには数回の黄砂や煙霧が飛来しているので、飛来した数だけの黄色い層が積雪断面に確認できる。こうした黄砂や煙霧で色のついた層を、専門用語で〝よごれ層〟と言う。積雪断面が形成された後に、積雪断面のよごれ層の数だけ滅菌プラスチックチューブを取り出す。積雪断面にハシゴをかけ、上り下りしながら、積雪層に近づく。作業時に積雪断面の表面が汚染されている可能性があり、滅菌したヘラでよごれ層表面の雪を除き、層内の雪を露出させる。露出したよごれ層にプラスチックチューブの口を直接挿しこみ、雪を容器の中に押しこんでいく。雪の入ったプラスチックチューブに蓋をすると試料採取が完了する。

一一年にわたる観測の間、さまざまな採取方法を検討したが、結局は滅菌プラスチックチューブで直接採取する単純な採取法に落ち着いた。立山の観測現場では、時に降雪や強風、極寒などの過酷な条件で作業しなければならず、疲労も蓄積し、思ったように作業できないこともある。だから、まさに「シンプル・イズ・ザ・ベスト」で、採取方法は簡略化しておくほうがよい。それでも、積雪断面の高さは少なくとも一〇メートル弱はあり、その壁にへばりついて雪をかき取るのは至難の業である。一〇層から積雪を採取するだけで二時間ほどかかる。

二〇一三年度の観測は例年とは趣向を変えた。九六層から雪試料を採取する大がかりなサンプリングに挑んだのだ。積雪断面の高さは全体で七メートル程度であり、秋から春に積もった雪を、断面の最上部から三センチメートルごとに積雪層を採取した。新しく降り積もった順に上層から狭い間隔で積雪試料を採取して、春に飛来した微生物の詳細な時系列変化を調べようというわけである。特に、黄砂と煙霧が多い春先に積もった雪を重点的に採取したため、全部で九六試料になった。積雪断面にハシゴをかけ、根気強く上から順番に恐る恐る各層から積雪を滅菌プラスチックチューブに取っていく。全九六試料を取り終えたころには、日中の作業を始めたころの陽気はなりを潜め、日は傾き、零下になる体にジワリと染みこんでくる高山の寒さが戻ってきた。

採取した積雪試料は溶けないように発泡スチロールの箱に入れて研究室に持ち帰り、まずは積雪に含まれる粒子を蛍光顕微鏡下で観察した。積雪試料を多く取ればそれだけ多く大気粒子を採取できるため、フィルターでの捕集法に比べ、大気を漂っていた微生物細胞も多く得られる。実際に、黄砂を含む〝よごれ層〟の雪試料を溶かし、粒子をＤＡＰＩ染色し蛍光顕微鏡で観察すると、無数の粒子が視野に広がっていた。黄砂を含む積雪層では、黄砂を含まない純白の雪に比べると、微生物細胞の濃度が一〇倍から一〇〇倍多くなった。ただし、純白雪であっても、一ミリリットルあたりに一〇〇個以上の微生物が含まれており、雪は白く見えても微生物が結構含まれている。純白の積雪であっても、かき氷みたいと食べると、食あたりを起こすかもしれないので要注意だ。

次に、全九六試料に含まれる大気微生物の種組成は、積雪の下層（冬）から上層（春）にかけどのように変化するのであろうか。能登半島の試料は、高高度で採取した高純度の黄砂を解析し、日本本土には恒常的に植物や海洋に由来する細菌が浮遊しており、黄砂が飛来すると土壌細菌であるバチルスなどに置き換わると結論づけた。高純度とはいえ、四試料である。積雪試料は九六試料あり、通常時に黄砂が飛来したときに変化する微生物群集を連続的に解析できる。果たして能登半島での考察は、立山の積雪試料でも一致するのであろうか。

こうした疑問があり、積雪中の粒子から直接抽出したDNAを使った環境ゲノム解析で微生物の種組成を調べたくなった。しかし、私が所属する研究室の規模だと、先述の飛行機観測の際に使用したクローニング解析で、一〇試料くらいが限界であった。今回の立山積雪試料は九六試料もある。しかし打開策はあった。ちょうど二〇一〇年代になって、これまでの一〇万倍の遺伝子情報量を誇る次世代シーケンサーが普及しはじめたのだ。微生物生態学者の皆にとって時代が味方した出来事である。

超並列シーケンサーの登場

一九九五年に人気アニメ番組「エヴァンゲリオン」が放送された。東京にＮＥＲＶ《ネルフ》という基地を構え、どこからともなくやってくる謎の来襲者〝使徒〟をエヴァンゲリオンという人型兵器で迎撃するというサイエンス・フィクション物語である。使徒は、クロムミョウバンの結晶（正八面体）やミロが描く抽象的なオブジェのような形態をしており、およそ生物に見えないが、〝ヒトとほぼ一致する遺伝子配列と同じ成分をもっている〟という。放送当時の実社会ではヒトゲノム計画が進行しており、それを意識した設定であろう。ちょうどヒト一人のゲノムDNAの全塩基配列を解読している途中であり、アメリカのエネルギー省などの公的プロジェクトとセレラ・ジェノミクス社による商業的なプロジェクトが競っていた。二〇〇〇年に両者が解読したヒトゲノムの全塩基配列を同時に情報公開した。解読には一〇年を要した。当時、私も博士課程の学生で、微生物の遺伝子配列を決定するのに四苦八苦しており、番組内で、使徒の遺伝子配列（厳密にはシーケンス解析でないかもしれないが）を短期間で調べ、ヒトの遺伝子との一致をいとも簡単に上司に報告するくだりを羨ましく思ったものだ。

ところが、二〇一〇年ごろになると、ヒト一人のゲノムDNAを読むのが三カ月に短縮された。ネルフでの遺伝子解析技術に大幅に近づいたのだ。さらに、現在、二〇二一年には三日もあれば解読でき、自身が望めば自分のゲノムDNAをすべて解読し、どのような遺伝子疾患を潜在的に有しているかも知ることができる。解析価格も下がり、二〇〇〇年の段階では、ヒト一人で二五〇〇億円だったのが、二〇二一年では一〇万円程度になっている。こうした解析技術の革新は、環境微生物の解析にも波及し、環境試料から直接抽出したDNAである環境ゲノムの解析も飛躍的にすすみ、遺伝子データの登録数は急速に増大しつつある。その原動力となっているのが、〝超並列（次世代）シーケンサー〟である。

これまでDNA配列の解読に使用されてきたサンガー法では、先に述べたとおり、DNAの長さの異なる断片を毛髪様の糸のようなキャピラリーに流し、端で短い順にDNA断片をカメラで検出して、つないで一つの配列を読む。そのため、一つの試料に、一本のキャピラリーが必要になる。一方、二〇〇〇年代に登場した超並列シーケンサーでは、スライドグラスサイズのガラス板にあいた数十万個のナノサイズの穴に、DNA試料の液体を注ぎ、反応させる（図19）。この時、DNA試料には複数種の微生物由来のDNA断片が含まれており、そのDNA断片が一本ずつナノサイズの穴に入るようになっている。反応では、DNA断片の端から、A、T、G、Cのいずれかがあれば発光するようになっている。よって、CTGGCCTTAACCだと、左端がCなので、A、T、G、Cと順に反応させると、Cでのみ発光し、A、T、Gでは発光しない。一塩基が終わると、次の塩基Tに移り、Tでのみ発光する。この反応を数百回繰り返していく。この反応は、複数種のDNA断片が一本入った穴一個一個ですすめられ、一塩基の反応一回ごとに、数十万個の穴で発光する微弱な光をカメラで撮影する。数百回繰り返すと、数十万個の穴の写真が数百枚撮れ、この写真を撮影した順に穴ごとにつないでいくと、一度に数十万の配列を解読できるわけである。この場合、一つの試料に、一個のナノサイズの穴ですむ。一方、サンガー法では一試料に一本のキャピラリーを要する。よって、解析で得られる遺伝子の情報量を、従来の数万倍から数十万倍へと激増させることが可能になったのである。

超並列シーケンサーが環境微生物の研究に導入され、群集構造解析への解釈が二つの点で大きく変わりつつある思う。まず、解析試料数が大幅に増えたため、従来対等に比較できなかった化学的因子や物

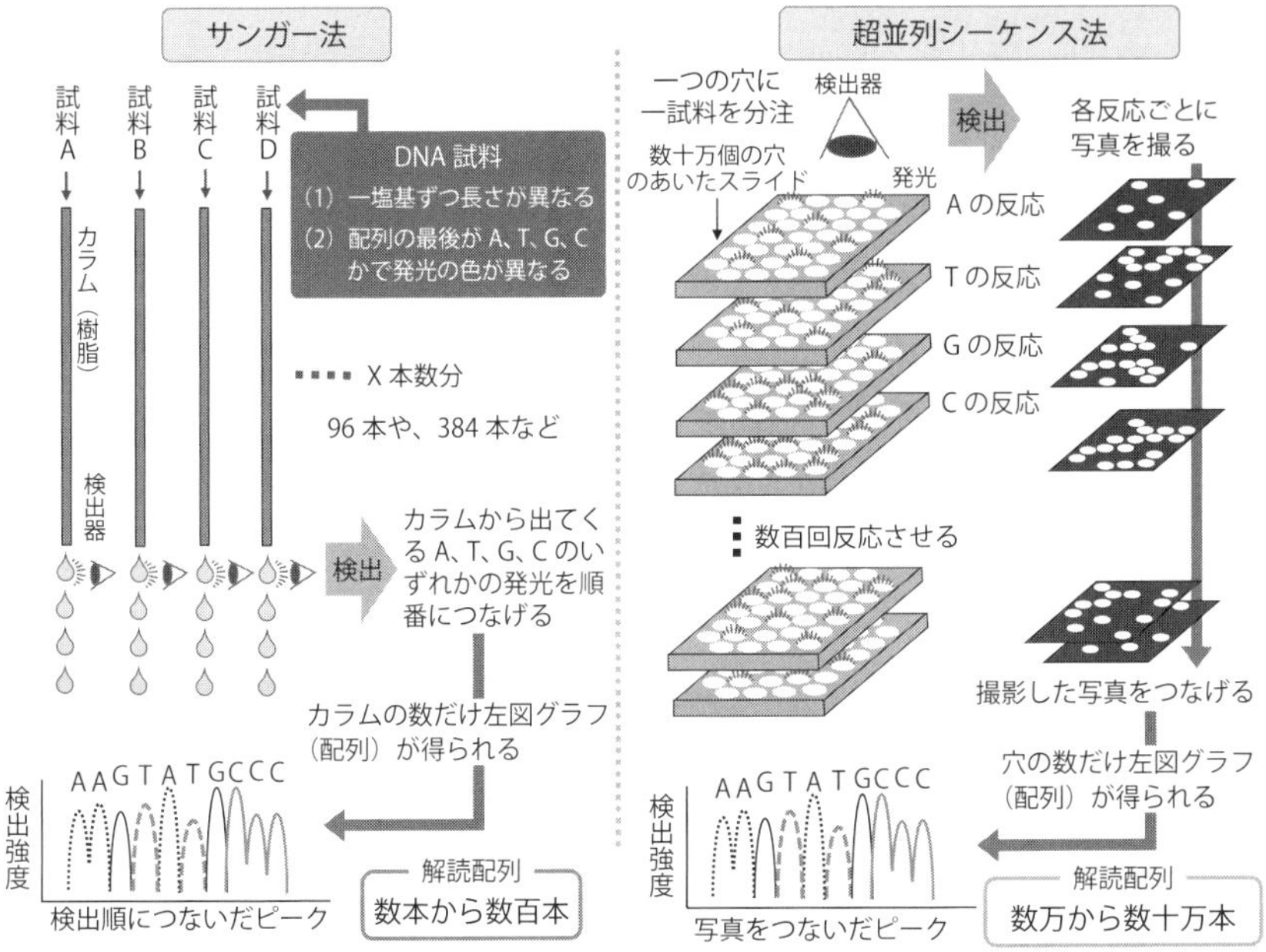

図19　サンガー法と超並列シーケンス法の比較

サンガー法に比べ超並列シーケンス法では、数万倍から数十万倍の遺伝子情報を得られるようになった

理学的因子と統計学的に比較できるようになった。例えば、大気観測だと粒子濃度や温湿度などのデータは自動モニタリングできるので、分、時、日ごとに数値を提示できる。現在、微生物の種組成を、一時間あるいは一日ごとに採取した試料で解析できるようになり、粒子濃度や温湿度と比べられる程度にはなっている。数十試料以上あれば、十分に統計学的に比較できる。よって、生物学的な微生物群集も物理・化学的な因子と並ぶ新しい環境因子になりつつあると言える。

　次に一試料あたりで検出される

微生物種の数が膨大になったため、従来のように一種類一種類の種を見るのでなく、その環境に特異な微生物を群集（セット）で考えられるようになった。例えば、腸内細菌の研究では、健康な人と不健康な人の腸内に生息する細菌を比較することで、健康な人の腸には特有の腸内細菌群が見られる傾向がわかってきた。また、「はじめに」でも述べたが、腸内細菌の群集構造が変化することで人の健康に影響し、体調や精神状態まで変えてしまうという報告もある。だから、腸内細菌は人間の第二の脳とも言われ、健康な人の腸内細菌をそのまま不健康なほかの人の腸に移植して、健康状態を回復させるというプロジェクトがすすんでいるのは興味深い。

雪に含まれる微生物

いくら新雪であっても、シロップをかけてかき氷にして食べないほうがよいと警告したが、雪の中にはどのくらいの種類の微生物が含まれているのであろうか。積雪試料に含まれる細菌群を超並列シーケンサーで解析してみると、膨大未知な細菌種が検出され、その種数は四〇〇種を超えた。新雪だと数十種類程度であり、黄砂などが含まれていると数百種にも及ぶ。すべての種類の微生物が有害ではないが、これだけ種類が多いと数打てば当たるで、お腹を壊す確率も高い。さて、その種の割合はどうだろうか。能登半島上空での観測では、上空を浮遊する細菌群は、通常、植物と海洋からの細菌が優占し、黄砂が飛来すると土壌細菌に置き換わると推察した。ただし、四試料での結論である。一方、立山で採取した九六試料には、二〜四月に飛来した大気粒子が連続的に含まれている。複数回の黄砂で飛来した粒子だけでなく、非黄砂時のバックグラウンドになる粒子が含まれ、それらが黄砂と非黄砂と交互に連続して出現するのが積雪九六試料なのである。能登半島の結果が、この立山積雪で検証できるわけである。

黄砂を含むよごれ層ではファーミキューテス（バチリ）に属す土壌細菌群が増えた。ファーミキューテス（バチリ）には、能登の黄砂時に優占したバチルス属の細菌種が含まれる。やはり、土壌細菌が黄砂によって風送される裏づけとなる。ただし、よごれ層には黄砂だけでなく、大陸の汚染大気である煙霧も混在する。煙霧が混在するよごれ層では、土壌細菌であるアクチノバクテリアも増える傾向にあった。アクチノバクテリアも胞子を形成するが、ファーミキューテス（バチリ）の細菌の芽胞に比べると弱く、大気で検出される割合は低い。日本までの飛来距離は、煙霧のほうが黄砂より短いため、脆弱なアクチノバクテリアも無事に日本まで到達できるのかもしれない。これは大きな収穫であり、細菌群を黄砂と煙霧に分けて考える新しい着眼点になる。

黄砂を含まない積雪からは、能登半島のバックグラウンドでも優占したプロテオバクテリアが多くを占めた。プロテオバクテリアは、生息環境が若干異なるアルファ、ベータ、ガンマに分類される。αプロテオバクテリアは海洋や塩の多い環境で検出されやすく、日本海の海水を巻き上げた偏西風が海洋細菌を運んできたのであろう。一方、βプロテオバクテリアは、淡水と土壌に普遍に生息し、特に淡水環境だと優占することが多い。立山積雪で見られたのはγプロテオバクテリアに限られるが、本細菌は植物の表面に増殖しやすい。立山麓には樹林があり、降雪も融解し水となる。こうした麓環境から、植物や淡水に由来する微生物が風で巻き上げられ、山頂付近の積雪に沈着した可能性が高い。

数メートルを超える積雪は、生命活動のない雪の塊のように見える。その塊の中に数百種を超える細菌が含まれているとなると、生命にあふれているようにさえ感じる。実際に、黄砂を含む積雪から、多数の生きた微生物も分離培養された。ただ、立山積雪で得られる大気粒子の研究利用は、バイオエアロゾルの解析だけにはとどまらない。〝雪山〟で取った黄砂を餌にして、〝太平洋〟の植物プランクトンを増殖させる洋上実験につながるのである。

雪山から太平洋へ

太平洋の真ん中は〝水のある荒野〟である。微生物にとっての栄養成分がない不毛な海域になっている。栄養成分とは何だろうか。まず有機物も少ないので、人間で言うと肉や魚、野菜などの食料不足に相当する。そうなると、人間のようにほかの生物を食べる必要のある生物は生きていけない。では、光合成で有機物を合成する植物プランクトンなら増殖できると思われるかもしれないが、やはり光合成に必要な栄養が不足している。植物プランクトンが成長すれば、それを餌にする生物が増え、海洋生態系が豊かになる。植物プランクトンの成長を制限している因子が、太平洋の真ん中では生態系を左右する鍵となっている。この制限因子を突き止めるため奔走したのが海洋学者ジョン・H・マーティンである。

陸上植物である作物の耕作では、農耕地にリン・窒素・カリウムが肥料として与えられており、これら栄養塩は海洋の植物プランクトンにも栄養となる。ただし、海水にカリウムは豊富に含まれているため、植物プランクトンの成長にはリンと窒素が不足しがちになる。しかし、驚いたことに、太平洋の真ん中にはリンも窒素も、植物プランクトンが増殖するには十分な海域（高栄養塩低クロロフィル海域）が広域に広がっていた。一方、マーティンは、従来よりも精密な分析手法で、太平洋沖合の鉄濃度を測りつづけていたところ、従来報告にあった鉄濃度よりも一桁以上低いことに気がついた。この鉄濃度は、植物プランクトンが成長するには不足していることになる。マーティンは、外洋海水の鉄を測定する際、採水装置、実験器具、分析機器から混入する鉄の汚染を防ぐクリーン技術を実践し、実験者も化学物質が飛散しない白い衣服を着用して分析に臨んだ。これが功を奏し、従来法に比べ、精密な鉄濃度を測ることに成功したのだ。こうして、外洋では、リンと窒素ではなく、鉄が制限因子になっているとする〝マーティンの鉄仮説〟が生まれた。外洋で植物プランクトンは貧血になっていたのだ。そこで、本当に鉄が制限されているのか確認するために、鉄を外洋に散布するプロジェクトが実施された。鉄を散布した数日後、海洋中の植物プランクトンの増殖を示す指標であるクロロフィルの増加が確認された。しかし、鉄仮説を唱えたマーティンは、散布実験が実施される二カ月前にガンで他界しており、この結果を見ることはなかった。

もし外洋で鉄が不足しているのであれば、黄砂が沈着すると重要な鉄源となる。黄砂の鉱物粒子は鉄を含んでおり、外洋で植物プランクトンの成長を支えてきた可能性がある。植物プランクトンは海洋生態系の礎なので、黄砂は間接的に海洋生態系を支えているのかもしれない。また、黄砂の鉄で増えた植物プランクトンは、地球の二酸化炭酸固定にも貢献するであろう。立山の積雪断面調査に参加したころ、このマーティンの鉄仮説が念頭にあり、外洋水に黄砂を加えて微生物変化を調べる実験が頭にあった。しかし、海水に添加するには〝大量の黄砂粒子〟が必要になる。従来のフィルターで黄砂粒子を捕集する方法だとフィルターが無尽蔵に必要となり、私の研究室規模だと現実的ではない。そんな折、積雪断面調査に参加しないかと青木から声がかかったのだ。話を聞いた瞬間、雪に保存された黄砂粒子なら〝大量〟に欲しいだけ得られるだろうと閃き、雪山と海洋をつなぐ実験を想起していった。

黄砂は極上の餌となる——船上培養実験

先月四月には立山連峰の雪の中にいたが、今はそこで採取した黄砂を手に、紀伊半島から二〇〇キロメートルほどの太平洋沖合を、三重大学の練習船・勢水丸で漂っている（図20）。今度は、まわり一面、深い碧色の海だ。足元も雪山ほど安定していない。伊勢湾を出てから船は、振り子状に大きく揺れてい

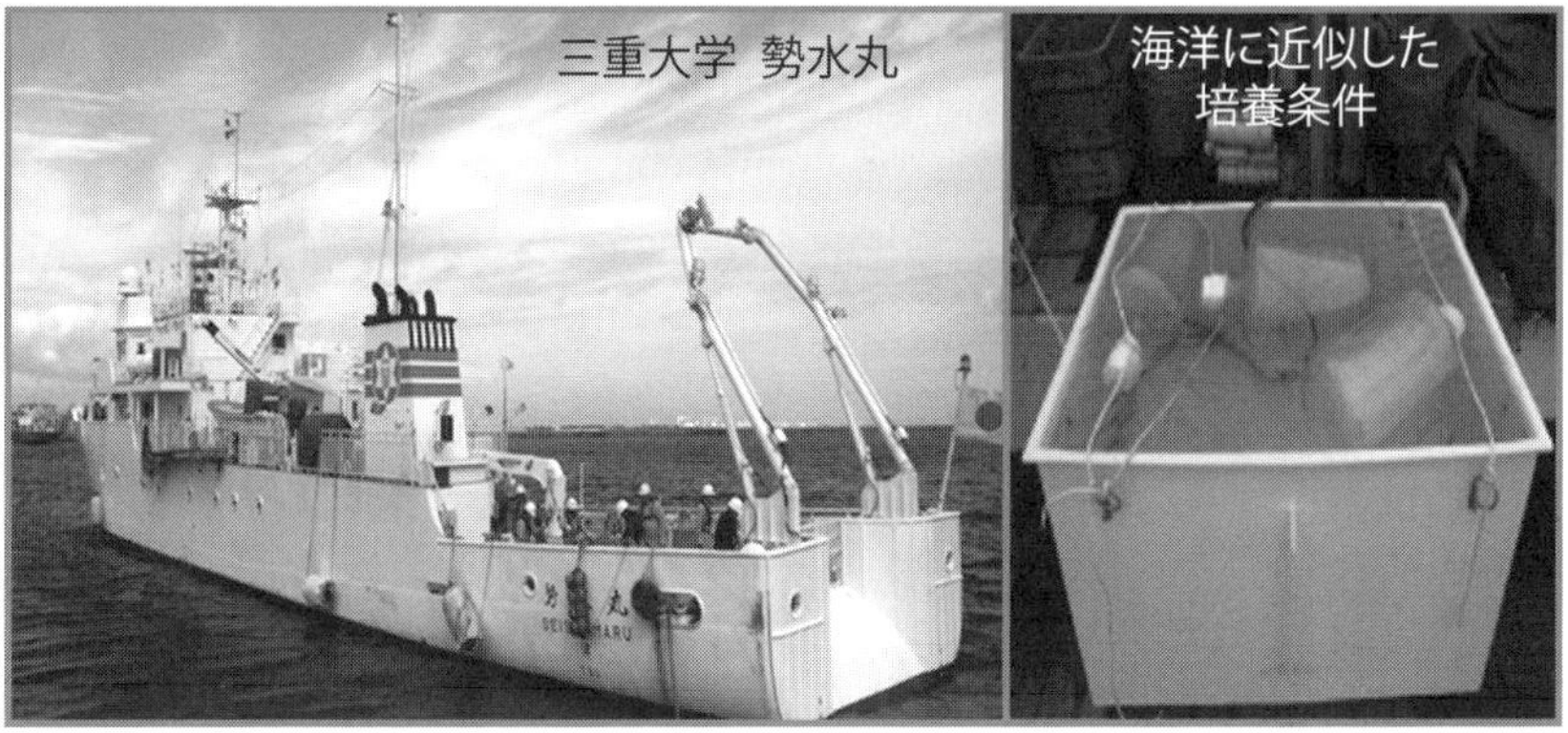

図20　海洋船舶を使った洋上培養実験
左：三重大学の練習船勢水丸を使って、黄砂を添加する船上実験を行った
右：黄砂を添加した海水のボトルを船上の水槽に浮かべ、擬似海洋環境下で培養し、毎日ボトルからサンプルを採取した

る。幼少のころ海賊になりたかったが、サンフラワー号で大阪から大分へ旅行した際に船酔いすることに気づき、海賊の夢は断念していた。断念したにもかかわらず、船に乗るはめになり、しかも海水をすくって、そこに黄砂を入れて培養しなければならない。私が研究計画の発案者だが、実施すると想像以上につらい。完走できるだろうとマラソンに申しこんで、いざ走ってリタイヤしそうになる気分を味わったのが、はじめての黄砂添加実験の航海であった。ただ、リタイヤしそうなだけで、リタイヤはしなかった。私は宇宙戦艦ヤマトの沖田艦長のようにベッドに横たわりながら、クルーの古代進に命令を下すように指導学生に指示を出して、観測と実験はやり遂げた。じつは、計画段階から、プランクトン研究の専門家である石川輝《あきら》（三重大学）も実験をサポートしてくれており、私がポンコツになっても培養

実験は無事すすめることができたのだ。おかげで、春季に二回と秋季に二回航海し、洋上で計四回の船上培養実験を実施できた。

観測地点に船がつくと、ホースを使って表層海水を二〇リットルの大型プラスチック容器に注ぐ。海水の入ったプラスチック容器を船上水槽に並べ、積雪調査で得た黄砂粒子を添加する。この時、対照区の〝黄砂を入れない容器〟を設けるのも忘れてはならない。すべてのプラスチック容器を船上水槽の中に浮かべ、数日間培養した。水槽には表層海水を循環させ、光は太陽光を利用しているので、培養環境は周辺の海と近い疑似環境となっている。培養後は一日ごとに容器内の海水を採取し、窒素とリンなどの栄養、金属などの微量元素を測り、それぞれ化学成分の変動を調べた。また、三重大学の石川の研究室では、光合成に必須のクロロフィルを測定し、植物プランクトンの生物量を決定するとともに、植物プランクトンの細胞を顕微鏡で計数して種類ごとに細胞密度の時系列変化を求めた。

春季二回の航海では、外洋では珪藻《けいそう》（珪藻類：シュードニッチア属とキートセロス属）が優占しており、海水に黄砂を加えると増殖が促進した。やはり黄砂が鉄を供給し、珪藻が増殖したのだろうと最初は思った。しかし、海水中の鉄の濃度は、珪藻が増えても変化せず、一リットルあたり数マイクロモルと高濃度である。何度か鉄を測定し直しても、概ね同値だった。マーティンが測定した外洋の鉄濃度は一リットルあたり数十ナノモルなので、観測した海域の鉄濃度は高すぎる。鉄は十分にあり、植物プランクトンの成長を抑制する因子にはならない。黄砂を入れない容器では、植物プランクトンは成長しなかったので、黄砂の添加が増殖の引き金になっているのは間違いない。

ほかの栄養塩のデータを、学生らと一つずつチェックしていった。すると、硝酸の濃度がわずかに減少していた。ここで鉄はいったん置き、原点回帰だ。そもそも大気汚染で粒子に付着した硝酸について研究がすすみ、大気粒子による植物プランクトンの成長促進が注目されるようになった。今回は、鉄に着目するあまり、硝酸の測定を疎かにしていた可能性がある。残っていた海水試料を使って、今度は入念に分析機器を酸で洗浄し、硝酸を測定し直した。ちなみに、海水を入れる容器やそれを移すピペットなどはプラスチック製にしておき、使用する前に器具に付着した化学物質を塩酸で洗浄し、超純水でその酸を除く。ガラス製だとガラスからさまざまな化学物質が溶出してくるので、金属や無機物が溶出されないプラスチック製が使用される。海洋の化学分析は、器具の洗浄に八割の労力をかけ、実際の観測や測定には二割の労力を割く。準備八割、仕事二割である。再測定の結果、珪藻の増殖に従って硝酸が徐々に減少し、最終的には一〇分の一くらいになった。黄砂に含まれる硝酸が、植物プランクトンを成長促進させる因子だったのだ。

硝酸は、生物の活動に欠かせない窒素源である。その窒素の供給源として、鉄よりも以前に大気粒子が注目されてきた。特に、黄砂は偏西風に乗って、太平洋へと運ばれる間に、大陸沿岸部の工業地帯を通過し、車の排ガスなどから出る酸化窒素（ＮＯｘ）を吸着する。その吸着した酸化窒素も硝酸となって黄砂と一緒に海水に入りこみ、海水で不足している窒素源を補うと言われてきた。鉄仮説は、硝酸が十分にあるのに植物プランクトンが増えない海域があり、そこに鉄が沈着すると、植物プランクトンの成長の引き金になるとした硝酸沈着をさらに一歩すすめた説である。硝酸で増殖したのはもとに戻ったような感じだ。ただ、黄砂に含まれる硝酸が植物プランクトンの餌になることを、実際に船上実験で実証した例は少なく、汚染大気の影響を論じるうえで重要なデータとなる。

ところが、秋季二回の航海では、黄砂を添加しても海水中の硝酸が著しく減少することはなかった。しかし、この問題は簡単に解決した。植物プランクトンも成長しなかったのだ。秋の海域には十分に栄養があり、黄砂の添加は植物プランクトンの成長に影響しなかったようだ。海洋の栄養状態は季節によって大きく変わる。春から夏にかけては、太陽光で海水表面が温められ、常に温かい水が表層にとどまり、そこの栄養を植物プランクトンが増殖に消費しきってしまうと、貧栄養状態が続く。これに対し、秋には日も陰り表層の海水も冷え、下層の栄養豊かな海水と混合するので、常に十分な栄養成分が供給されやすい。すなわち、春のように、植物プランクトンが腹ペコ（貧栄養状態）なら黄砂は極上の餌となり得るのである。自然の摂理である。

植物プランクトンが成長すると、その生成物や細胞成分などの有機物が海水中に増え、有機物を利用する細菌も増殖する。また、黄砂に付着した微生物も海水に混入し、増えるかもしれない。そこで、細菌の細胞数も蛍光顕微鏡で計数した。すると、黄砂を加えた海水でのみ、細菌の増殖も確認されたのだ。さらに、超並列シーケンサーで細菌の群集構造も調べ、黄砂の添加によって増える細菌種を特定してみた。黄砂添加によって土壌細菌のバチルス属が海水中で増えると期待したが、培養初期には割合が増えるものの、培養すると消失してしまった。バチルス属は土壌では強いが、海水中ではカナヅチなのか、増殖できないようである。

かわりに、海洋に有機物が増えると増殖しやすい細菌群（ロドバクター科）が、黄砂を添加した海水で増加した。ロドバクター科の細菌群は、黄砂添加で増えた植物プランクトンの成分を炭素源として利用して増殖したと推測できる。さらに興味深いのは、ロドバクター科の細菌群は、黄砂からも割合は低いものの、頻繁に検出される細菌群でもある。黄砂とともに海水に沈着し、黄砂の栄養成分で増えた植物プランクトンを食べて増殖するというシナリオも考えられる。黄砂の砂粒には、栄養だけでなく、有機物循環にもかかわる微生物が乗っており、一粒で二度美味しいようである。

黄砂鉱物粒子の上では優占するバチルスの天下であるが、海洋に沈着すると、マイナーなロドバクター科の細菌のほうが増殖し、海洋環境を謳歌しているのかもしれない。沈着した先の環境によって、一発逆転があり得るのである。〝細菌万事塞翁が馬〟である。

黄砂は砂とともに土壌細菌を運び、日本海で海洋細菌を巻き上げ、日本に到達し、山野に由来する植物由来の細菌と混合される（図21）。黄砂とともに日本に飛来する間に細菌群が変化する様子は簡単にイメージできた。沈着した後も、陸か、海かで、生き残る細菌グループも異なる。積雪に含まれる黄砂

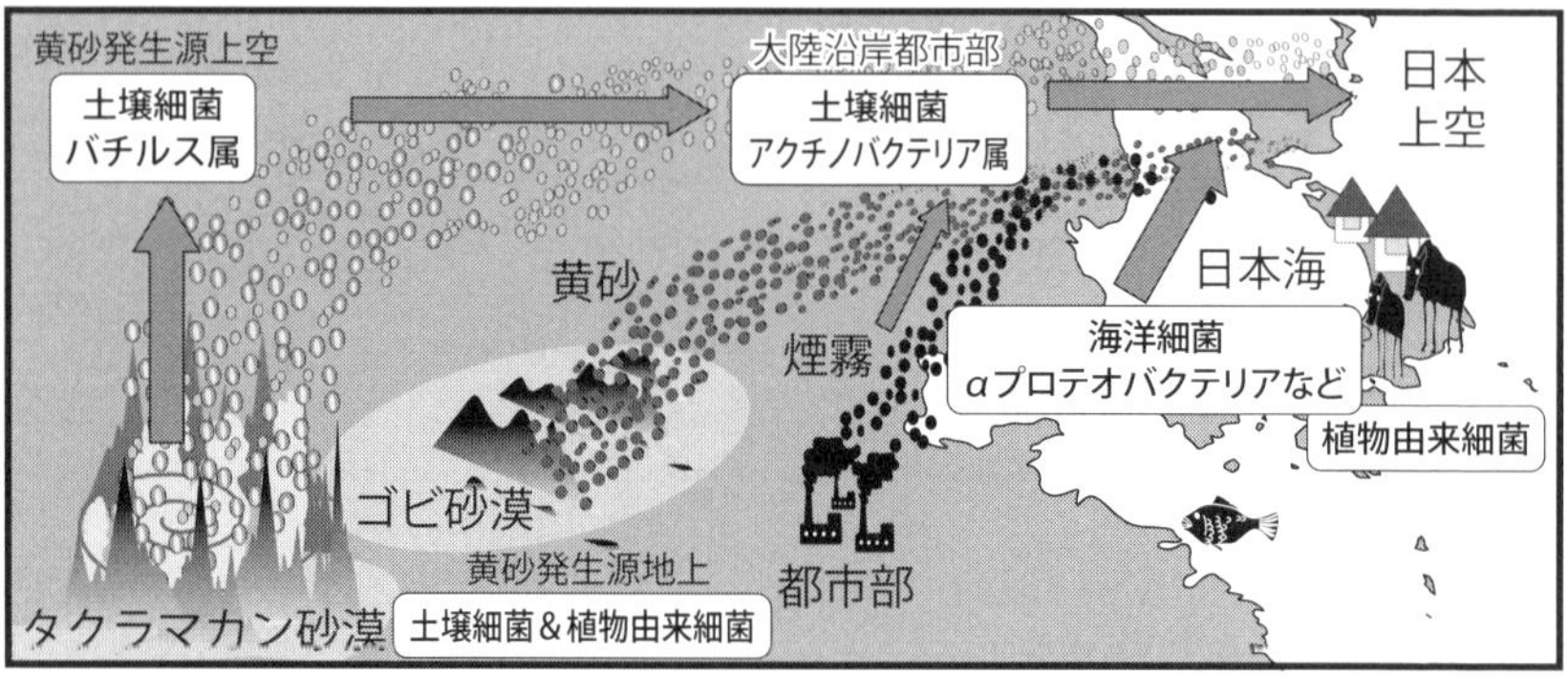

図21　黄砂にともなって風送される微生物群の“移ろいゆく旅”
中国大陸で舞い上がった砂は、砂漠の細菌をともなって偏西風に乗り、大陸沿岸都市部の土壌細菌と混ざり、日本海で海洋細菌を巻き上げ、日本に到達し、山野に由来する植物由来の細菌と混合される

を使い試料数を増やし、物量的な問題を乗り越えたおかげである。ただ、四月に採取する積雪は、春の熱で融解することもあり、黄砂時でも山麓からの粒子の混入も考えられる。数は稼げたが、純度は飛行機観測の試料に及ばない。

そして、数を稼げて、かつ高純度の黄砂を得る方法はないものかと、〝新しい飛び具〟を試してみることにした。しかも、〝おひとりさま〟でも歓迎してくれる飛び具だ。

4 ヘリコプター観測はアルパインスタイル

〝極地法〟から〝アルパインスタイル〟へ

〝アルパインスタイル〟という登山スタイルがある。五〇〇〇メートルを超える山麓から、少人数で酸素ボンベも持たず、なるべく軽装備で登頂を目指す登山方法だ。日本人クライマーの山野井泰史は、アルパインスタイルの世界の第一人者であり、数々の難峰を単独で制してきた。ギャチュンカン北壁に挑んだ際には、登頂するも、下山時に悪天候にあい、両手の薬指と小指、右足の全指を切断する重度の凍傷にかかってしまう。アルパインスタイルでなければ凍傷を免れたかもしれないが、少人数で自身の責任のもと難峰に挑む姿には、すべてを懸ける潔さがある。アルパインスタイルと対をなすのが〝極地法〟である。複数人でベースキャンプを設置し、そこから少し先に次々とキャンプを設け、酸素ボンベや食料、テント、調理用具、防寒具などの物資を少しずつ運び前進し、最後は少数のメンバーが登頂する。

バイオエアロゾル研究だと、気球観測や飛行機観測、立山積雪断面調査は、〝極地法〟に類する。共同研究者で研究助成金を申請し獲得して、観測には一〇人以上〜数十人の参加者が集い、分業しながら観測を実施する。最後に論文を執筆しまとめるのは、少数のメンバーか一人であり、これが登頂者になるだろうか。しかし、黄砂がくるタイミングで参加者の予定が合わなければ、観測を断念しなければならない。あるいは、黄砂の飛来がなくても、人が集まったので仕方なしに観測する場合もある。大きな組織に属している研究者であれば、黄砂が頻繁に飛来する春季をプロジェクト期間として、観測人員を常時確保できるであろう。しかし、大学の一研究室の教員になると研究以外の業務も忙しく、極地法で人集めして観測するなど悠長で贅沢すぎる。

そこで、アルパインスタイルのような少人数で黄砂を捉えられる観測はないかと考えるようになった。その行き着いた先が〝ヘリコプター観測〟である。バイオエアロゾル研究に着手して六年ほどして、日本国内では気球や飛行機のかわりに、ヘリコプターを使ってバイオエアロゾルを採取するようになっていた。ヘリコプターだと機体が空いていれば、前日に予約しても使用できる。またサンプラーや観測機器を軽量化しておけば、一人でもヘリに乗りこみ、パイロットと一緒に上空に行けば、大気粒子を捕集できる。人手も少なくてすむわけだ。ちなみに、気球観測だと気球の準備に人手を要し、風が強いと全員待機か観測を断念する場合もあり、割に合わない。飛行機だと一カ月前から予約が必要で、いざ観測日には黄砂が飛来していないことも多く、一日のチャーター料金も一〇〇万円以上と研究費の支出が嵩む。

ヘリコプター観測は、少人数でかつ軽装ですむため、高高度大気観測におけるアルパインスタイルと言えよう。ただし、登山のアルパインスタイルは、登山者は孤独であり、すべての責任が自分にかかってくる。ヘリコプター観測でも、温湿度と粒子密度の計測、バイオエアロゾルの採取とその記録、飛行ルート（高度も含む）の記録などをすべて一人で行わなければならない。大変ではあるが、無理をすれば一人でもできてしまうのが肝である。できるならやらねばならないと追いこむのが、アルパインスタイルの観測である。

最初の課題は、サンプラーの自作だった。飛行機だと、窓の開閉が禁止されており、天井の小さな穴を大気粒子の採取に使うため、穴からフィルターに導く長いホースが必要となり、嵩張るだけでなく、粒子がホース内に付着し損失する可能性が危惧される。気球だと、上空で起動させるため遠隔操作が可能なサンプラーが必要となり、確実に作動するか不安がつきまとう。制約が多い飛行機や気球に対し、なんとヘリコプターは上空で窓を開けても許され、サンプラーを外気に直接さらせるのだ。そのため、フィルター部分を外気に当て、ポンプで吸引して粒子を採取すればよい。しかも、ポンプ以外は、自分でプラスチック容器やチューブなどを加工すればサンプラーは自作できる。

注意すべき点もある。サンプラー全体を滅菌できなければならない。サンプラーは上空ではじめて開封し、フィルター部分を外気にさらすことになる。よって、上空に上がるまで、サンプラー内部を無菌状態に維持するため、全体を滅菌しておく。滅菌にはオートクレーブを使用し、一二一度、二〇分間水蒸気で実験器具などを加圧加熱する。強力な食中毒菌であるボツリヌス菌の熱耐性胞子であっても死滅させる徹底した滅菌法だ。そのため、サンプラーの全体は高圧高温に耐え得る素材が求められ、台所用品のタッパーなどちょうどよい。電子レンジで加熱しても大丈夫なら、オートクレーブにかけても問題ない。

ホームセンターで販売しているタッパーを見ながら、フィルターホルダーの大きさと比較し、ちょうどホルダーが納まるようなタッパーを選び、購入する。実験室に持ち帰ると、タッパーに電気ドリルで穴をあけ、チューブやフィルターホルダーを取りつけ、タッパーをサンプラーへと加工していく。

満足いくサンプラーができたら、オートクレーブで滅菌した後、実際にヘリコプターでサンプリングしてみる。微生物解析が可能な大気粒子を得られるように基礎設計されているが、ヘリコプターの座席は狭く、サンプラーが嵩張ると作業しにくい。作業がしにくいと時間のロスにつながり、粒子を捕集する時間が短くなってしまう。よって、サンプラーを可能な限りコンパクトにするため、違う形状のタッパーを購入しては改造を試みる。小学校時代のプラモデル作製を彷彿させる。これは科学者のプラモデルかもしれないなとつぶやく。そのつぶやきの数だけサンプラーは改良され、野暮ったい形のサンプラーが、ヘリコプター観測のたびに改良され、サンプラーの機能も形状も磨かれ、コンパクト化していった。

ヘリコプター観測

能登半島の直線的な海岸線がすっと北に延び、その先は黄砂で黄色い霧に覆われ霞んでいる。左手には、細かな白波を立てマイクロレイヤーから海塩を気中に放出している日本海が広がり、その水平線も黄砂で朧気だ。右手には地衣類の共生微生物を空中にふりまく樹木が散在する平野の向こうに、微生物がひしめく葉毛を新緑に蓄えた木々が茂る白山を望む。ヘリコプターのローター音が単調に響き、かえって空の静寂さが感じられる。機体の緩やかな揺れは、体にリズミカルに伝わり、フワフワとドラえもんのタケコプターで空を漂っているような気分だ。ヘリコプターで上空に到達し、サンプラーを作動させはじめると、あまりやることがない。アルパインスタイルのクライマーでいうと、オバーハングした岩壁の上で登頂した充実感に浸っている瞬間であろうか。

さかのぼること一時間、自作したサンプラーと観測用の機材を携えて、大学から車で一〇分もかからない金沢市近郊のヘリポートに到着した。ヘリポートには、観測に使う小型ヘリコプター〝ロビンソン社のR44〟が準備されている（図22）。座席はコンパクトで、ヘリを覆う外壁と下の床も薄く、軽く叩

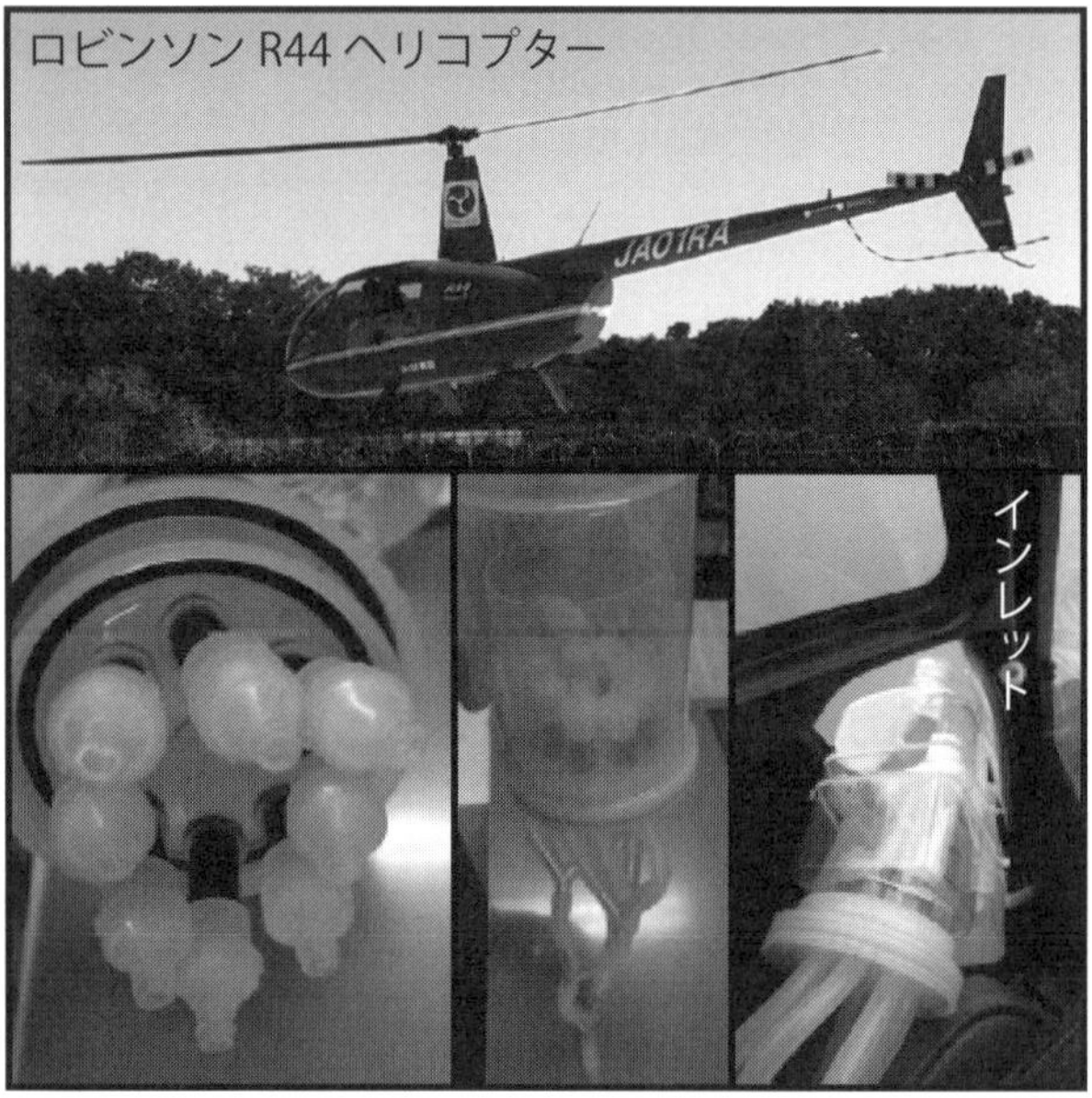

図22　ヘリコプターを使ったサンプリング方法
上　：ヘリコプター観測は少人数で実施できる
下左：８個のフィルターホルダーを使用する
下中：滅菌した状態でヘリコプターに持ちこむ
下右：ヘリコプターの窓からサンプラーを出して粒子を捕集する

くとコンコンと軽い音が響く。徹底して軽量化されている。身軽な感じは、アルパインスタイル観測によく合う。Ｒ44の機体は国内外の観光遊覧飛行に使用されており、サンプラーや観測機器をこの機体に合うように設計しておけば、観測場所が変わっても上空でバイオエアロゾル研究用の大気粒子を採取できる。実際、能登以外にも、ニュージーランドや筑波でもヘリ観測を実施してきた。

ヘリポートでは、まず機体の先端に温湿度計のセンサーをつける。地上から温湿度を測り、上空までに温湿度が急激に変化する高度があれば、異質の空気が接している境界層になる。上の層にだけ黄砂が飛来し、下はきれいな空気のままという具合に、境界層を境に微生物群集も違ってくると面白い。後部の窓には、粒子自動測定装置（ＯＰＣ）の粒子吸引口を固定する。大気粒子密度を自動測定しておくと、上空に飛来した黄砂や煙霧の規模がわかる。観測機材を設置したあとは、サンプラーとポンプを前方の助手席に置き、機体に乗りこむ。一連の準備は約三〇分で完了する。

　パイロットがコックピットに座るといよいよ離陸だ。離陸してから着陸するまでの時間にチャーター料金（一時間数十万円）がかかるので、サンプリング時間を長く確保するため、パイロットは観測場所まで急いでくれる。この移動の間に、粒子自動測定装置や温湿度計が作動していることを確認し（起動させるのを忘れていたり、エラーで止まっていることがある）、サンプリングの準備をする。ヘリの窓を開け、〝インレット〟というサンプラーを窓に固定するプラスチック状の筒をR44の窓に挿しこむ。取りつけたころには、インレットに高度三〇〇〇メートルの冷んやりとした空気が入りこんできて、能登半島のつけ根あたりの内灘《うちなだ》海岸に到達している。大気粒子を採取するルートの始点である。

　内灘海岸から北上しつつ上空の空気を採取する。海岸線で観測すると、海から上陸する黄砂や煙霧を、日本の陸起源の空気と混合するのを避けて捉えることができるからだ。内灘海岸上空で、滅菌されたサンプラーの封を解き、窓のインレットに挿入し、フィルターホルダー部分を外気にさらす。サンプラーは、フィルターホルダーが装填された状態で滅菌されているので、一連の作業を迅速にすまさなければならない。サンプラーをエアポンプにホースでつなぐと、吸引を開始する。吸引を開始した時刻をメモ帳に書きこむと、ここでやっと眼下の風景を眺め、クライマーが岩壁の上で休息しているような気分を味わえる。

観測時間が終わると、サンプラーをインレットから引き抜き、滅菌したカバーをフィルターホルダー上部に素早く被せ回収する。あとは金沢の上空を通って帰還だ。

ヘリコプター観測では、複数ある測定項目も、煩雑な多岐にわたる作業も一人でこなす必要があり、アルパインスタイル観測ならではである。時に、温湿度計や粒子自動測定装置が途中で止まっていたり、ホースがはずれていたりとさまざまなハプニングがあり、百点満点で作業を終えるのはけっこう難しい。決めた作業項目を卒なくこなしていくのは、ピアノの曲を間違いなく演奏するのに似ている。ただ、その日の天気や風に合わせて作業手順をアレンジするので、毎回演奏の雰囲気が変わるジャズピアノのようにヘリコプター内では臨機応変に対応しなければならない。

ヘリコプターの機体は二、三日前でも予約できるので、黄砂や煙霧の飛来に合わせやすい。観測を重ねると、作業も手慣れ、高高度の試料も効率よく数を増やすことができるようになった。また、超並列シーケンサーを導入したことで、増えた試料の解析も十分にこなせる。ヘリコプター観測と超並列シーケンサーは相性がよい。

ヘリコプターで採取した黄砂や煙霧の試料でも、やはりバチルスやアクチノバクテリアなどの土壌細菌が優占した。通常時は、植物に付着する細菌や海洋の細菌であるプロテオバクテリアが多くなる。大枠はこれまでどおりである。

ただ試料数が増えると謎も増す。全体の数十パーセントを占める優占種は、黄砂時に共通しているが、数パーセント以下のマイナーなグループになると種数も増え、いくつかの黄砂時には共通するが、ほかの黄砂では見られず、黄砂によってムラが生じる。マイナーなグループは、黄砂によって運ばれているのだろうか、あるいは輸送途中の中国内陸か、日本海か、で混入したものであろうか。また、同じ非黄砂時であっても細菌群集が大きく異なることもあり、まだまだ発生源のわからない細菌が多数漂っていることを物語っている。

だが、ヘリコプターで採取した試料のいくつかは、このマイナー群を検出しなければならない問題とは別次元の奇々怪々な謎を孕《はら》んでいた。何じゃこりゃあ?と言うような謎だ。

ラーメン物質

黄砂がやってくると大学教員が自らヘリコプターに搭乗し、忙しく大気粒子を採取するさまが面白かったのか、北陸朝日放送のテレビ番組ディレクターである中島佳昭が私の研究に興味をもってくれた。最初は、黄砂がくると、中島は、私の研究室を幾度か訪問し、大学の建物テラスで黄砂を採取する様子を取材し、その映像を夕方のテレビニュースで放送した。しかし、黄砂時に飛ばすヘリコプター観測には、なかなか取材のタイミングが合わず、過去の観測映像を流すのみであった。ある時、ニュース枠で特集番組を組むので、私のヘリコプターでの観測を取り上げられないかという打診がきた。約三〇分間にも及ぶ番組だったので、最初は恐縮したが、何ごとも経験と興味津々でありがたく依頼を引き受けた。しかし、カメラが回っているときに、あのような〝奇妙な粒子〟に出会うとは思ってもみなかった。

二〇一三年三月一九日に強めの黄砂が飛来した。数日前に中島に連絡し、飛ぶことを伝えてあった。いつもより長めのフライトで、金沢市から能登半島先端の珠洲《すず》市まで三時間で往復するヘリコプター観測を実施した。道中、何度かサンプラーを替えて黄砂の粒子をフィルターの上に採取していく。後部座席では、放送用の映像をとらえるカメラがまわっている。

ヘリコプターが金沢市内に戻り着陸すると、中島がマイクを手にやってきた。「どうでしたか」と尋ね、私は、観測手順で特にミスはなかったので、「バッチリです」と答えた。むしろ順調なくらいだった。

そして、中島が見守る中、私は、粒子がのったフィルターを使って、蛍光顕微鏡観察用の試料を作製していった。ヘリからは確実に黄砂の飛来が確認できていたので、数多の星のごとく粒子が輝いて顕微鏡で見えるはずだ。顕微鏡の視野をテレビモニタに映し出し、取材陣と一緒にモニタを囲んだ。何度か取材を受け、取りたての試料をモニタで見た瞬間が絵になることは、私も中島も暗黙の了解でわかって

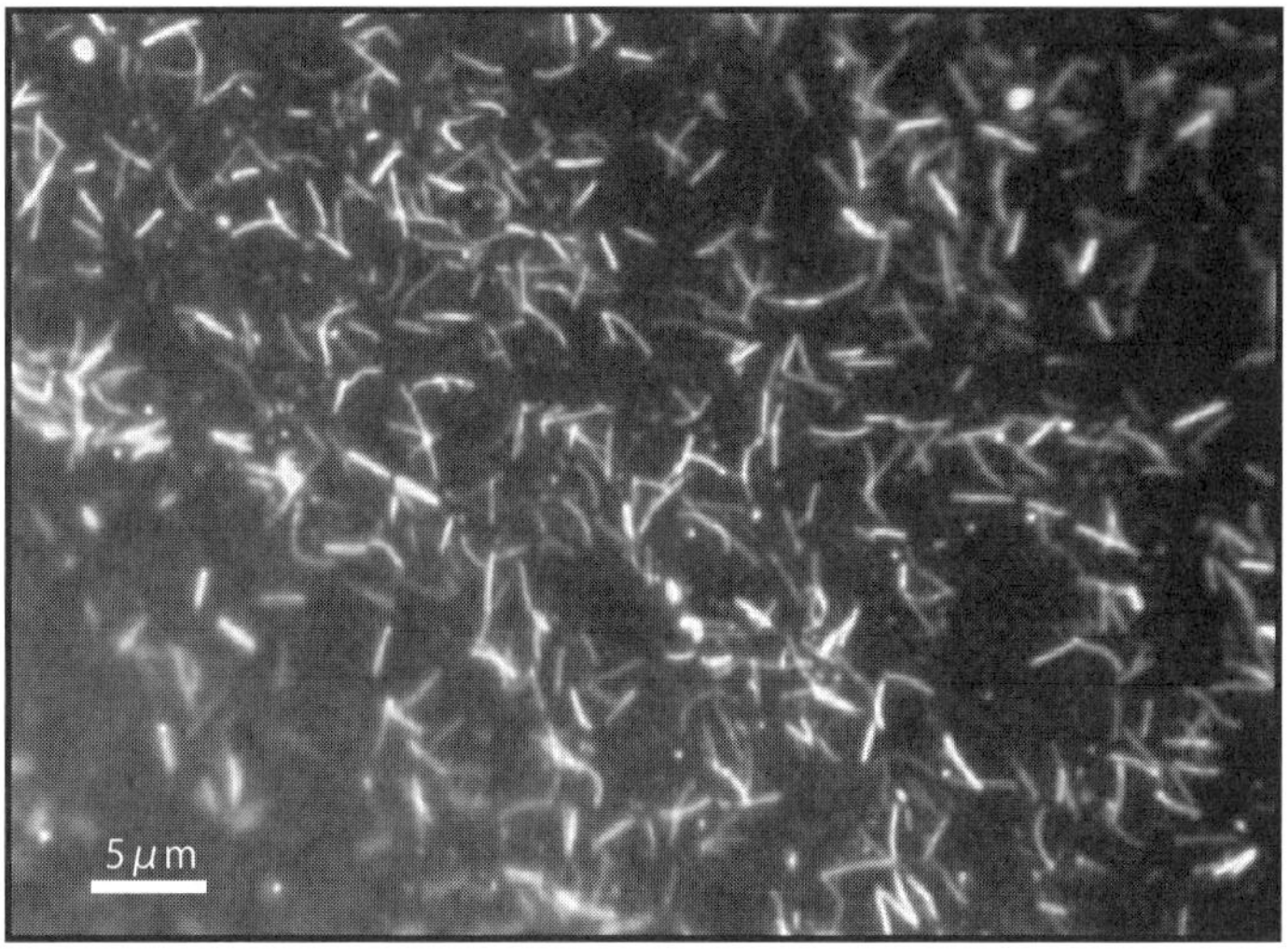

図23　ラーメン物質
2013年3月19日、金沢から能登半島先端まで往復するヘリコプター観測で大気粒子を捕集すると、奇妙な粒子が大量に捕集された

いる。カメラが見守る中、三月一九日の黄砂の試料を見た。

　すると、いつもと雰囲気が違う。視野一面に粒子はあるが、いずれの粒子も妙に細長い（図23）。バチルスのようなソーセージ形ではなく、ベビースターラーメンのようにヒョロ長い。しかもその数も膨大だ!!　思わず「なんですかね！　このラーメンみたいな粒子がいっぱいですよ。ラーメン物質や」と叫んでしまった。もちろん、黄砂の砂の粒子もあったが、ラーメン物質のほうが数十倍多く、視野の中で際立っていた。

　ラーメン物質があまりにも多いので、作業中に汚染したのではないかと、未使用のフィルターやフィルターホルダー、使用した試薬や純水など、汚染源になりそうなものを徹底的に確認した。それでもラーメン物質は、観測で粒子を回収したフィルターからしか検出されない。もしかすると、観測で使用したフィルターホルダーやチューブで外気にさらした内部には、ラーメン物質が付着して残っているかもしれない。付着が確認されれば、外気に由来するのは確かだ。フィルターホルダーとチューブの内部を洗った液を、蛍光顕微鏡で観察してみた。やはりラーメン物質が観察された。ラーメン物質は、黄砂の砂粒子を凌駕するほど大量に能登上空を飛んでいたのだ。

その後、中島と相談し、ラーメン物質の正体が明かされたところを番組の最後のクライマックスにできるのではないかという話になった。全力でラーメン物質の特定を試みた。DAPIで鮮明に染色されており、形状も均一なので、何らかの微生物粒子であるとは推定できる。細長い形態から、細菌だと考えたが、真菌ばかりが分離培養されてくる。ただ、真菌は真核生物なのでDNAが集まった核が見えてよいはずなのに見えない。いくら九九パーセントの微生物は培養できないと言われていても、大量だが培養できない微生物とはいったい何なのだろうか。その後、培地成分や培養条件を変えて分離を試みたが、ラーメン物質のもとになる微生物は分離できなかった。

正体が明かされぬまま、タイムリミットがきた。ラーメン物質はお蔵入りかなとあきらめた。放送当日、黄砂バイオエアロゾルの研究に取り組む私の姿がテレビに映され、立山積雪断面調査や船上黄砂添加実験などが紹介され、能登半島沿いを往来するヘリコプター観測の映像が流れた。すると、番組が終わりにさしかかったところで、「ラーメン物質や」と私が叫んだ。まさかこの映像が使われると思わなかったので不意をつかれた。その後すかさず、未知の粒子を空に追い求め研究はまだまだ続くという具合に見事にクロージングに入った。あそこで、この映像を使うとは……さすがに中島だ。まいったぜ。敏腕ディレクターの腕が光った瞬間である。

この時の番組のタイトルが「空飛ぶ研究者」であった。ラーメン物質の正体はわからなかったが、中島には、密着取材の番組をつくっていただいたうえに、たいそうな呼称をいただいた。感謝である。

その後、ラーメン物質は、三月一九日の観測時のように多量に検出されることはなかったが、能登半島の羽咋《はくい》市よりも北で、時々ラーメン物質が捉えられた。しかし、正体を知るには、〝雲をつくる微生物〟の研究に着手する翌年まで待たなければならない。

5 健康被害から食文化へ——変化のストーリー

真菌も空を飛ぶ

地球で最大の生物は、何であろうか。動物ではクジラが、植物ではメタセコイアがあげられる。ただし、世界最大ではない。最大の生物は、キノコやカビなどの〝真菌〟に属す微生物である。微生物とはサイズの小さい生物なので、おかしいのではないかと思われるかもしれない。じつは、真菌の多くは、生活史の一部を微小なサイズで過ごすだけで、菌糸を伸ばして目に見える個体を形成することもある。真菌のナラタケは山一個分いっぱいに菌糸を伸ばし、その菌糸塊が数キロメートル四方に及ぶ事例が報告されている。だから、世界最大の生物は真菌のナラタケになる。これだけ、大きくなり、胞子を一斉に放出すれば、大量のバイオエアロゾルが山に充満するのではないだろうか。こうしたバイオマス量を誇るにもかかわらず、細菌ばかり優先し、真菌の研究は手つかずであった。じつは、ヒトの健康に影響を及ぼすバイオエアロゾルは、この真菌に含まれていたのである。

細菌と真菌はいずれも微生物に属すが、両者は生物学的に大きく異なる。細菌は生物の中で、最も原始的なグループと考えられており、単細胞であり細胞全体にＤＮＡが充填されている原核生物である。丸い球形や細長い桿状の細胞があり、二分裂して増殖する。中にはシアノバクテリアなど、光合成する種もおり、原始地球にシアノバクテリアが出現したため、二酸化炭素が酸素へと変換され、現在の大気が生じた話は「はじめに」で述べた。もし、シアノバクテリアがいなければ、大気中に酸素もなく、酸素呼吸というエネルギー獲得効率のよい代謝システムも進化せず、ずっと単細胞系の小さな微生物しか地球上には存在しなかったかもしれない。

その酸素呼吸する細菌を取りこんで進化した生物が、真核生物である。真菌はこの真核生物に含まれる。先に述べたように、真菌とは身近なところではカビやキノコなどである。真菌は、糸状の細胞で分裂増殖して、菌糸を伸ばし、胞子を飛ばすことで生息域を広げていく。菌糸が伸びて、目に見える傘状の子実体が形成されるとキノコになり、この子実体が目視できないとカビに分類される。

真菌は、森林の分解者であり、植物成分であればたいてい分解する。セルロースや糖、脂質、そして細菌でも分解が苦手なリグニンという難分解性有機物であっても二酸化炭素にまで変換してしまうのである。そのリグニンを餌とする真菌の白色腐朽菌は、ダイオキシンなど人為的な化学物質まで分解でき

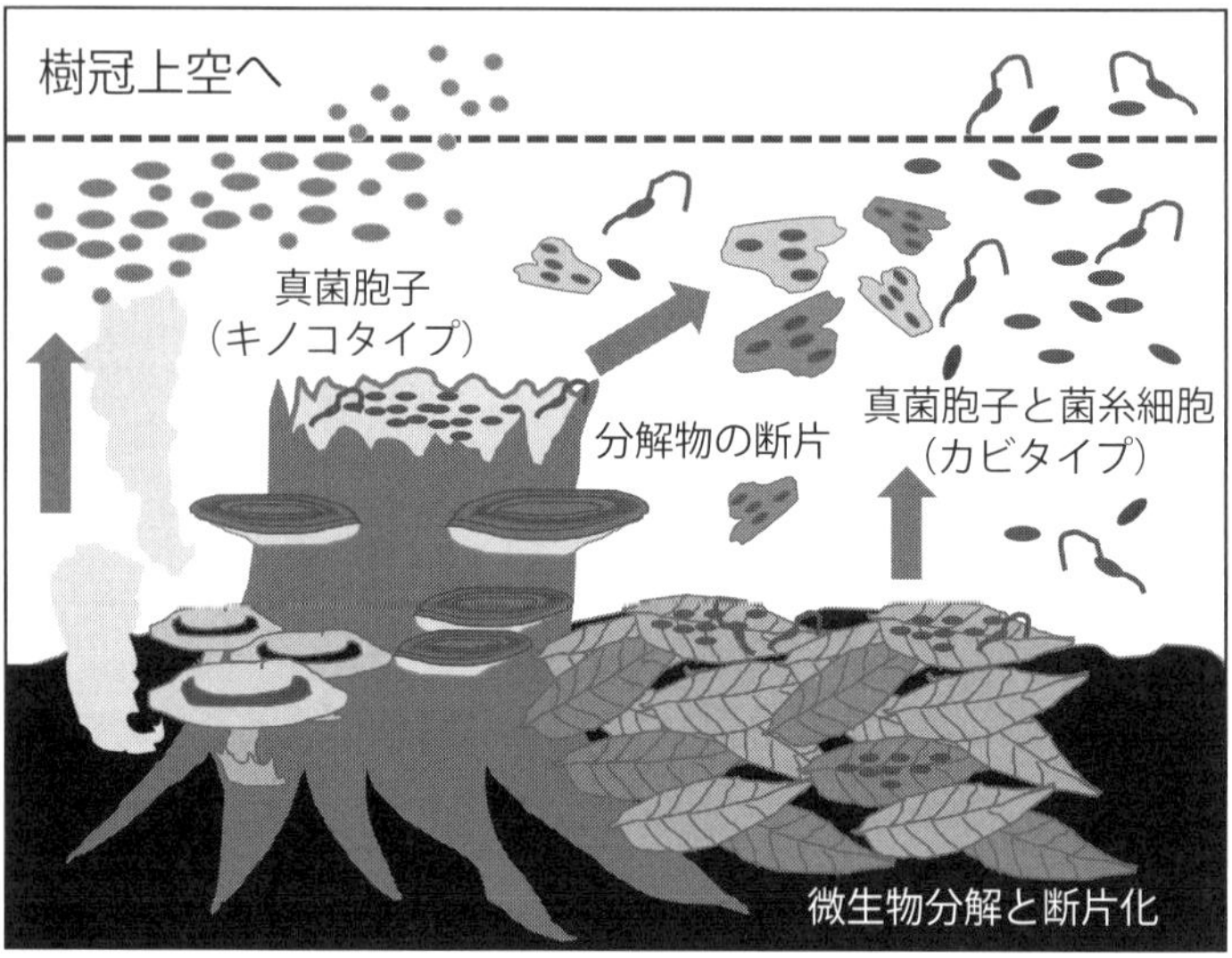

図24　森林内に生息する真菌類の生態系と風送過程
森林に生息する真菌は、胞子で生息域を広げる。また、真菌の多くは、落葉や朽木を分解して、分解物の断片上で増殖する。胞子あるいは分解物に付着した状態で真菌は大気中を浮遊する

るため、ダイオキシンの汚染土壌浄化への応用も検討されている。こうした真菌によって落葉や生葉の上で分解された有機物断片が、落葉や生葉を揺らす風で舞い上がることは十分に考えられる。また、植物体や土壌表面に付着した有機物断片を、降雨の水滴が跳ね上げ、森林でエアロゾル化している可能性もある。有機物断片には分解者の真菌細胞が当然付着しており、森林内外の空気中を往来しているのではないだろうか（図24）。

一方、先述のとおり、真菌の胞子は次の生息場所まで空気中を飛ぶので、バイオエアロゾルになりやすい。ただし、真菌の中には、特定の種類の植物

に寄生あるいは共生するものもいる。このような真菌では、寄生・共生できる植物がいない森にまで胞子を飛ばす必要もなく、胞子の飛距離も森林内にとどまるように設計されているとも言われている。一方、宿主をもたない無宿無頼の真菌もいる。おもにカビでクラドスポリウムやアルテルナリアなどのそれぞれクロカビやクロススカビがそうである。宿主をもたないこのようなカビのほうが、バイオエアロゾルとして飛散し、ヒトの健康に影響しやすいと思われるが、果たしてどうであろうか。

しかし、予想に反し、バイオエアロゾルの生体影響がはじめて確認されたのはキノコのほうであった。

真菌は悪い奴?

毒キノコを食べると死に至ることがあるが、キノコを食べるとキノコになってしまう映画が「マタンゴ」である。七人の若者らを乗せたヨットが嵐の中漂流し、たどり着いた先は、不気味なキノコ(マタンゴ)がいたるところに繁茂している無人島であった。食料がなくなった若者は、その得体の知れないキノコを食べてしまう。しかし、キノコには中毒性があり、気持ちよく食べつづけていると、体がキノコ化するまさに毒キノコだったのだ。主人公格の若者一人だけが、キノコを食べる誘惑に打ち勝ち、無人島を脱出するものの、檻のある部屋に隔離されたその若者の顔にキノコが生えている場面で終わる。若者はキノコを食べていないにもかかわらず、マタンゴの胞子を吸引してキノコ化してしまったのであろう。「マタンゴ」は貴重なバイオエアロゾル映画だと思うが、映像が古いためか、学生には不評である。

「マタンゴ」は映画での話であるが、咳が出て病院に受診にきた患者さんの痰から実際にキノコの胞子が検出されることがある。もちろん患者さんがキノコに化けることはないが、呼吸器疾患を専門に研究する医師の小川晴彦（金沢大学）によると、喉の粘膜に取りついたキノコの胞子が慢性的な咳嗽《がいそう》を引き起こしているらしい。花粉症は認知されているが、キノコの胞子で生じるアレルギーはあまり認められていない。小川は、特にヤケイロタケ（ビルカンデラ）に着目している。このキノコは、日本の山野に生息し胞子をまき散らすので、胞子を吸引した人は咳嗽を生じ、慢性化する場合もある。

このビルカンデラが咳嗽を引き起こすメカニズムの解明にメスを入れたのが、先述の気球観測で風の読める小林史尚と、毒性学の専門家である市瀬孝道《いちのせたかみち》（大分県立看護科学大学）である。小林は、能登半島の気球観測で上空五〇〇メートルの黄砂粒子を採取し、その粒子から真菌株を数株分離していた。その中にビルカンデラが含まれていたが、砂漠では見つからず、能登半島でのみ分離されたため、黄砂によって飛来する菌としては魅力が低く、凍結サンプルとして長期間保存していた。そんな折、市瀬から小林に、黄砂と一緒に見つかる微生物で動物実験して生体影響を調べたいので、株を送ってほしいと依頼があった。小林は、黄砂によって長距離輸送されるバチルス株などの細菌株に加え、高高度で取れたというだけでアドバンテージがあるだろうと真菌株一株、ビルカンデラも市瀬に送った。その当て馬であったビルカンデラの動物実験の結果で小川とつながったのだ。

市瀬は、黄砂や汚染大気による生体影響を動物実験で調べ、大気粒子で生じるアレルギーや気管支炎を実証していた。黄砂や汚染大気に含まれる砂やススの粒子を、アレルゲン（卵の蛋白）と一緒にマウスの気道から何度か注入し、三週間飼育する。飼育したマウスの気道組織に見られる炎症細胞や粘液細胞（痰が出る）の増減を調べれば、気管支に生じるアレルギー炎症の程度を評価できる。さらに、黄砂粒子表面の有機物を高温で焼き飛ばした鉱物粒子のみを準備し、有機物がそのままついた黄砂粒子と比較して、アレルギー炎症を調べてみた。すると、生物由来の有機物を含む黄砂のほうが強いアレルギー炎症を示した。そこで、市瀬もバイオエアロゾルに興味をもちだしたのだ。市瀬は小林から届いた分離株の細胞を黄砂の鉱物粒子とともにマウスに接種し、気管支のアレルギー炎症を調べてみた。すると、黄砂で運ばれる可能性の高いバチルスなどの細菌では炎症は見られなかったものの、ダークホースであった真菌のビルカンデラで、黄砂の鉱物粒子だけで生じる災症を一〇倍に悪化させる作用が認められた（図25）。一足す一が二ではなく、一〇になったのだ。さらに、免疫系統の遺伝子発現などを調べると、アレルギー炎症にかかわる遺伝子が上昇しており、アレルギー炎症が遺伝子レベルで誘導されていることがわかった。アレルギー反応が長引くと喘息様の病状が悪化し、咳漱が慢性化するのであろう。

ビルカンデラによるアレルギー増悪を皮切りに、細菌から真菌に方向転換し、ほかの真菌による生体影響も調べられた。その結果、キノコ以外にも、カビの真菌種（コニオスリウム属、フザリウム属、フ

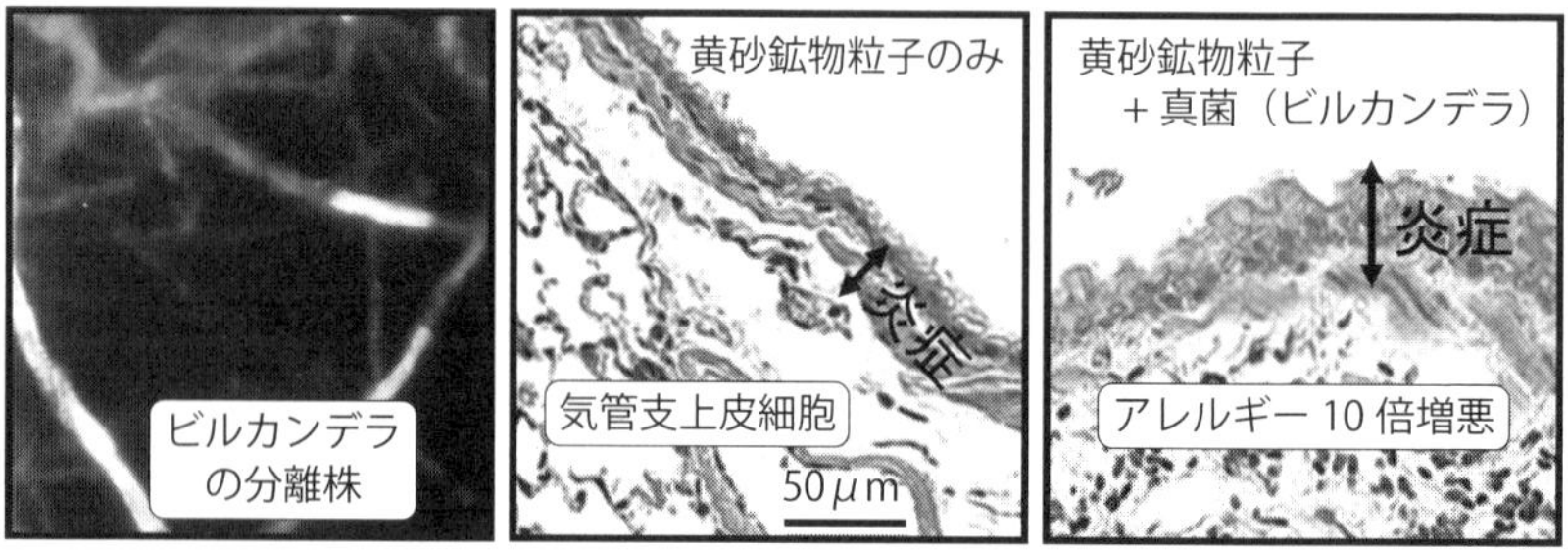

図25　黄砂粒子から分離した真菌を使った動物実験（市瀬・牧、2014）
左：能登半島上空500mで採取した粒子から真菌ビルカンデラが分離された
中：マウスに黄砂鉱物粒子のみを接種すると、気管支にアレルギー炎症が生じる
右：黄砂鉱物粒子にビルカンデラが加わると、アレルギーが増悪する

ォーマ属など一〇種以上）でも増悪効果が確認された。一部の菌株（コニオスリウム・フッケリ：クロカビ）は、そのものが気道にアレルギー炎症を引き起こす危惧種であったので当然の結果かもしれないが、黄砂と一緒に高高度で採取されたことが重要なのである。危惧種が長距離拡散されているという事実が公衆衛生上で大きな意義をもつ。さらに、市瀬の緻密な動物実験が繰り返され、真菌の細胞壁に存在するβグルカンがアレルギー炎症の原因物質であることが突き止められた。βグルカンが肺に入りこむと、免疫システムが高まり、アレルギー反応によって肺に炎症が起こる。また、ペプチドグリカンを細胞壁にもつ枯草菌（バチルス・サブチリス）などは気管支への炎症は弱かった。しかし、その細胞壁が〝細胞膜〟で覆われているグラム陰性菌では、細胞膜に含まれるポリサッカライド（多糖類）が動物に対して顕著な炎症反応を示した。どうも細胞壁の成分の違いが炎症の誘発の強弱にかかわっているようだ。

一般的に有害な感染性の微生物は、生体細胞を傷つけて体に入り、毒を生成するなどして生体にダメージを与える。生体は、感染菌を「体を傷つける」と「微生物の成分（異物）がある」という二段階で認識して、強力な免疫応答（マクロファージと言われる異物を食べる細胞や好中球という炎症細胞）で感染菌を攻撃して体を守る。感染菌は、免疫応答が生じた体内では、過酸化水素などのラジカル物質（反応性の高い物質）が生産され感染菌を破壊し、その流れ弾で生体細胞までダメージを受けてしまう。よくケガをしたときに、傷口が化膿（細菌や好中球の死骸）して熱を発し痛むのは、傷に入りこんだ異物の除外に向けて体の免疫機能が戦ってくれているためである。

本来、黄砂の表面に付着する微生物は無害なものが多いので、微生物そのものが生体に付着しても生体細胞を傷つけない。だから、微生物の成分（異物）も細胞内に入りこまなければ、免疫応答も弱い。βグルカンやポリサッカライドも、そのまま皮膚に付着するだけでは免疫応答には至らないので、空気に漂う無害な微生物で炎症することはないはずである。ただし、微生物が黄砂の鉱物粒子と一緒にあると話は別である。黄砂の鉱物粒子には凹凸があるので、生体細胞を傷つけ、その傷から微生物の成分が入りこむ。すると、前述の二段階の反応が生じるため、無害の微生物であっても細胞免疫系が刺激され、炎症が大きくなる。こうした仕組みで、黄砂に付着した微生物は、黄砂のみの反応を本来の一〇倍に増悪してしまうわけである。

黄砂は鉱物粒子だけでなく、そこに付着する微生物が引き起こす気管支の炎症にも気をつけなければならないのだ。また、微生物成分による一般的な炎症やアレルギー炎症以外に深刻な健康被害が報告されるようになった。生きた微生物による感染症も黄砂によって広がるというのだ。

感染症にもご注意を！

特定の原因菌によって引き起こされるのが感染症である。アジア圏では、微生物の感染をきっかけとして湿疹や皮膚に炎症が生じると言われる子どもの病気が広がっている。〝川崎病〟と言われ、なぜ発症がアジア圏にとどまるのか謎であった。そこで、スペインの疫学者であるザビエル・ロドが、東アジア一円の川崎病の発症件数とその分布を調査する疫学的調査を行った。川崎病の発症件数の変動を、黄砂の飛来件数と比較すると、黄砂飛来日には川崎病の発症件数が増えることがわかってきた。そこでロドは、大気化学者である谷本浩志（国立環境研究所）の協力を得て、川崎病の発症数が増えた黄砂飛来時に、飛行機で上空の粒子を採取し、そこに含まれる微生物群集を調べたところ、カンジダという真菌が上空で優占していることを突き止めた。カンジダは人の皮膚に付着し潜みやすく、川崎病にかかわっていても不思議ではない。

中国大陸では大規模な農業が営まれ、広大な農耕地が広がっている。そこで栽培されるコムギ類がカビによって全滅してしまうのが〝麦サビ病〟である。麦の穂先にカビが付着し、黒くなって枯れて甚大な被害が出る。ここでも麦サビ病の発症時期を、黄砂飛来日時と比較する疫学的調査が実施され、カビ

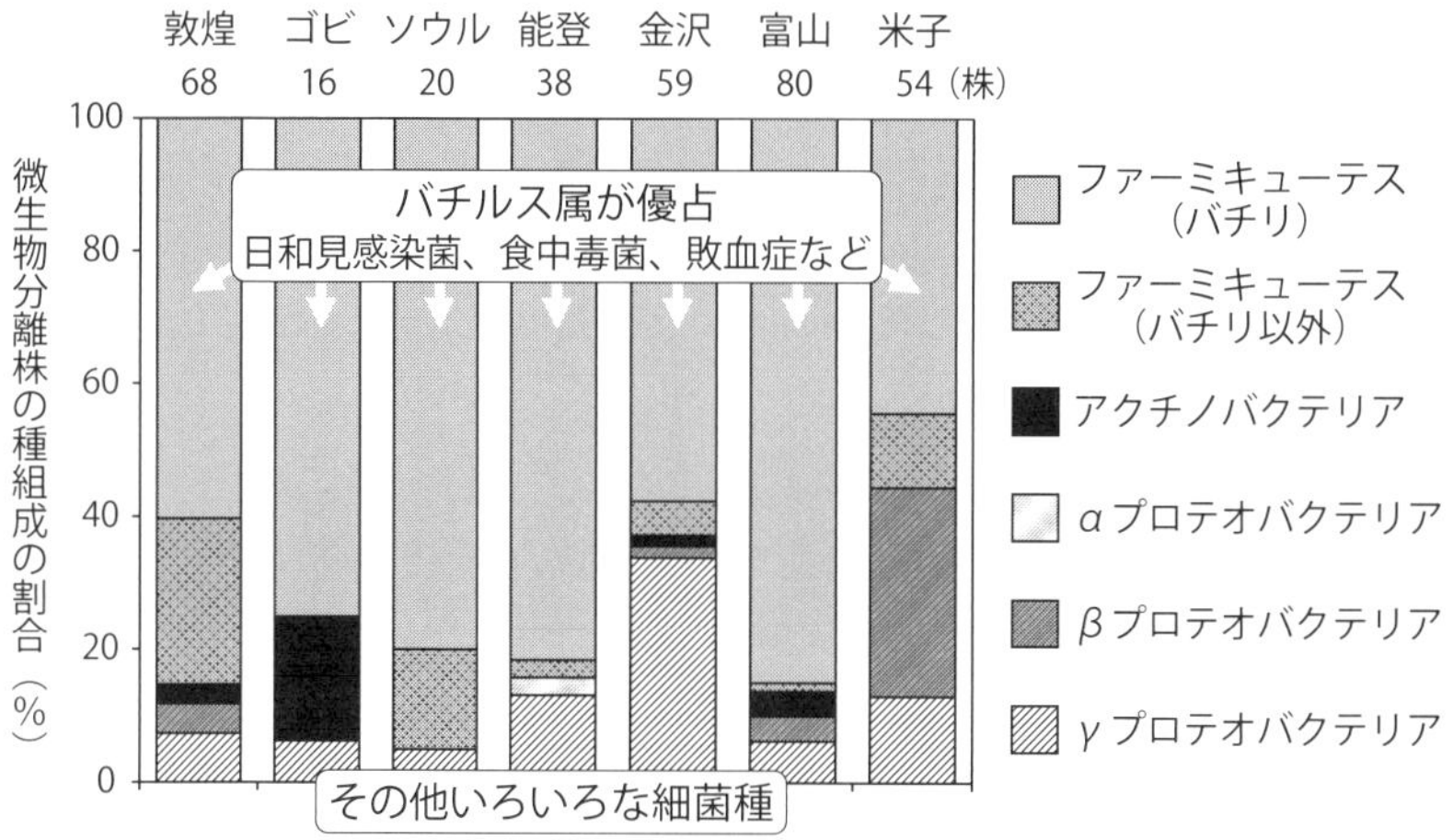

図26　黄砂粒子から分離培養した細菌群の群集構造
分離株の群集構造を調べると、バチルス属の細菌が優占した。バチルス属には、日和見感染菌、食中毒菌、敗血症の原因菌が含まれる

が黄砂によって広がり、麦サビ病を拡散させることがわかった。日本でも麦サビ病が見られるが、黄砂発生源から離れていることと、作付面積が小さいので、被害が少ないのだろう。その他にも、ウイルスに感染して牛が死に至る〝口蹄疫〟の原因ウイルスも黄砂によって運ばれているとする綿密な疫学的調査結果がある。大規模な黄砂が頻発した際には、口蹄疫が中国と日本で広まることを想定しておくのも良策かもしれない。

このように、黄砂バイオエアロゾルの被害例が続々と報告されると、それを背景に、私自身が執筆する論文の考察にも勢いがつく。黄砂から検出される微生物種をもとにその健康被害を論じやすくなり、その被害を報じた論文で裏づけしやすくなる。例えば、図26のように、微生物の遺伝子配列をもとに種の割合（種組成）のデータが得られれば、自分の採取した微生物株にはどういった有害種が含まれているかを推測することができる。種の割合を見ると、一目瞭然、バチルス属に属する株が多くを占める。砂漠の上空八〇〇〇メートルの粒子からも能登に飛来した黄砂粒子からも分離培養されているので、黄砂によって運ばれやすい種であると言える。このバチルス属には食中毒菌であるバチルス・セリウスや炭疽菌であるバチルス・アンスラシスも属しており、これまで分離された株とは近縁であり、芽胞形成など類似した点も多い。そのため、論文などでは「食中毒菌や炭疽菌に近縁なバチルス系の細菌が、黄砂から検出された」と論じる。強く健康被害までは言及しないが、健康影響がありそうな種に焦点を合わせ、黄砂から検出された微生物のことをまとめると、健康影響をほのめかす論文になるのだ。

このように学術論文をまとめ、世に発表していった。そして、さらに観測場所を増やし、より多くの微生物種について情報を得ようと順風満帆に思えたところで、計画が頓挫した。

砂漠への出入りを禁止されたのだ。

中国の砂漠への出入り禁止

「陳《チェン》は、激怒した」そして、私の頬を殴打した。その音は研究室に響きわたった。と、『走れメロス』

風に書き出したものの、現代、殴打はご法度なのでもちろんなかったが、中国の共同研究者の陳彬が、メロス並みに激怒したのは本当である。しかも、友情を残しながら。中国の共同研究者から、砂漠に設けた敦煌《とんこう》の観測サイトへの立ち入りを差し止められたのだ。〝砂漠への出禁〟である。

先述のとおり、黄砂発生源でバイオエアロゾルを採取するには、発生地の砂漠で観測する必要がある。砂漠の観測サイトは中国の国土内にあり、中国の研究者との共同研究体制がなければ砂漠にすら入れない。にもかかわらず、黄砂によって健康によくない微生物が飛んできていると論文で発表したのがあだとなった。当時の二〇一〇年は日中関係の悪化という背景もあり、中国サイドとしては、マイナス面を強調する論文発表などが問題になったようである。と大げさに書いたが、後に知ったのだが、中国国内で活動していた別の日本人の研究グループも、中国での観測やデータの持ち出しを同時に禁止されていたので、何らかの政治的圧力が一斉にかかったという見方が正しいようだ。

ちょうど東アジアで大気汚染である煙霧の越境拡散による健康被害が深刻化していたが、それを中国サイドが問題視することを避けていたようにも見えた。一〇年後には煙霧を問題視した論文が中国の研究者自身によって数多と出版されるが、当時は、大気汚染を取り扱った論文は日本や韓国の学者によるものに限られていた。中国ではこの問題を取り扱うのはタブーであったように思える。

ともかく、中国の砂漠への出入りが禁止になったのは確かだ。学生時代に、格闘技サークルのコンパでハメをはずしすぎて、居酒屋さんに出入り禁止になった経験はあったが、中国の砂漠に出入り禁止になるとはスケールも大きくなったものだ。これも一つの勲章と思いつつも、人でも国でも負の面を指摘されれば、気を悪くするのは当たり前だと一人反省した（多分仲間も）。ちなみに共同研究者の名誉のために追記しておくと、中国側の研究者も共同で観測をすすめられないことを申し訳なく感じており、中国奥地の敦煌には入れなかったが、その手前の北京では会合を開き、宴の円卓を囲んで交流を続けた。このような具合なので、むしろ彼らの母国をやや悪い立場にした論文研究は控え、研究の〝ストーリー〟を変えて黄砂の良い面を考えてみた。

バイオエアロゾルはいい奴かも

人はそれぞれ〝ストーリー〟を抱いて、それに合う選択をして生活している。これは心理学から出てきた考え方であり、門外漢の私の解釈であるが、ストーリーとはその人の人生設計のようなものであり、それに合わない選択肢は潜在意識の中で切り捨てられているらしい。例えば、皆さんの中でボランティアに従事されている方は、人に無償で貢献するというストーリーがあってボランティアを選んでいる。多くの人は、麻薬の摂取や強盗・窃盗などに誘われても見向きもしないだろう。これは、そんな人としてはずれた道は歩まないというストーリーがあるのでいずれの選択もしないのだ。ここで大事なのは、多くの人にとって麻薬、強盗、窃盗は選択肢にもあがらず、無意識に却下している点だ。

ただ、ストーリーは状況に応じて編集され、その人の生きる道しるべすらも変わってしまうことがある。

学内の就職委員である私のところに、一年間の休学から復帰した学生が就職活動の相談に来た。話を聞くと、休学前に大手企業をねらって就職活動をしていたが希望の内定が得られず、自分自身を吹っ切るため休学中にダンスに専念し、少し華やかな世界を見た後、再度、就職のため学業に復帰したという具合だ。もともと優秀で就職活動にも没頭していた学生だったので、何とかなるだろうと、いくつかの企業を紹介した。そして、エントリーシートもチェックしつつ、万全な態勢で企業の選考に応募した。選考も順調で、面接にこぎつけたのだが、当日になって学生から面接を断ってきたのだ。理由は、休学前に就職活動に打ちこんだにもかかわらず不採用になったので、また断られるのが怖いと言うのだ。

こうした経緯を打ち明けられた私は、「無理に就職しても面白くないだろうから、いっそダンスを精一杯やってもよいのではないか」と勧めてみた。すると、あっさりと私の提案を受け入れた。ダンスが盲点であった。相談学生は、運動神経がよいこともあり、上達し、バイト程度ではあるが、ダンスのステージに立てるようになっていたのだ。おそらく、休学前なら、企業への就職というストーリーで人生設計していたところが、ダンスを試したい自分というストーリーが休学中の一年で芽生え、将来のビジョンになったようである。自己逃避だったダンスが、いつの間にかストーリーに編集されていたのだ。もちろんダンスで生きていくのは大変だが、ストーリーに組みこまれてしまうと、勝手に走りはじめる。

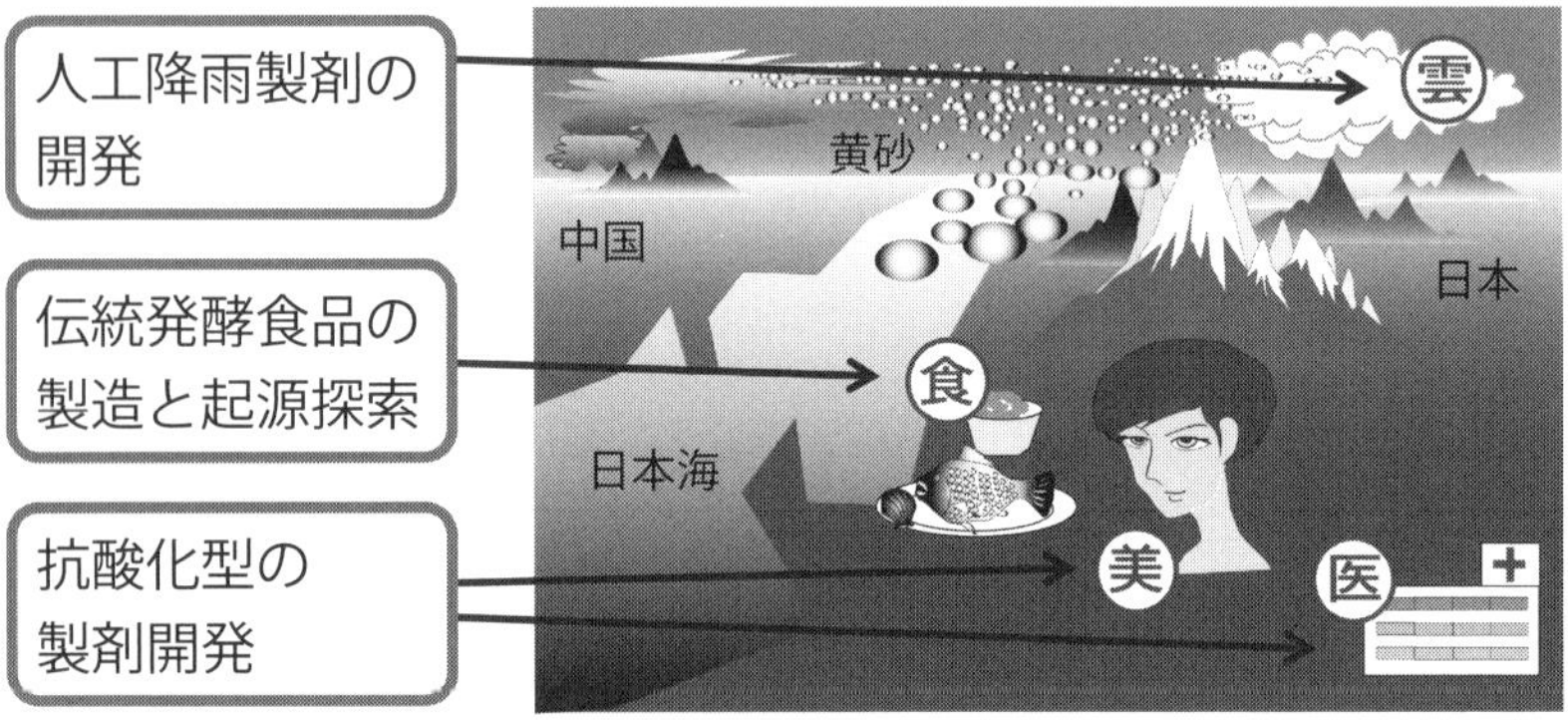

図27　黄砂バイオエアロゾルはいい奴かも！
黄砂に含まれる微生物の有効利用法は３つ考えられる

回り道しても若者は自分に合ったストーリーで、自由に振る舞い、将来を模索していけばよい。大歓迎だ。

さて、すでに若者でもない私も、バイオエアロゾルの研究に関してストーリーを変えてしまった。当初は悪い影響を調べるというストーリーで、バイオエアロゾル研究にかかわる全データと論文をまとめ、健康被害について言及してきた。しかし、中国の砂漠へ入れなくなってからは、よい影響を調べるというストーリーが私の中に組み立てられたのだと思う（自分で自分の頭はわからない）。これまでの考え方とはがらりと変わるが、よい影響のストーリーが走りだすと、バイオエアロゾルにも良い面が見えてきた（図27）。普通に企業に就職しようと思っていたところ、ダンサーで生きていくストーリーに変わっていったのと似ている。

良い面の一つ目は、〝雲〟である。空に浮かぶ雲は、水蒸気が集まるだけでは形成されず、水蒸気が空気中につめこまれるだけつめこまれて飽和状態になっても雲にはならない。水蒸気を集める〝核〟が必要なのだ。核に水蒸気が集まり大きめの粒子となってはじめて白色や灰色や黒い雲となる。この核として、黄砂の粒子やバイオエアロゾルが働いているのかもしれない。したがって、もし黄砂が飛来しなければ、日本上空の雲の幾ばくかは形成されず、今とは違った気候になっている可能性がある。おそらく雲と雨が減り、日射が増え、乾燥がすすむであろう。そして、乾燥や日射が増えると肌を保湿するのも困難となり、肌へのダメージも蓄積する。

次は、その乾燥や紫外線などでダメージを受けた肌を補修する薬として、バイオエアロゾルが活用できる可能性だ。大気中は乾燥し、紫外線も強く、微生物であっても肌と同じようにダメージを受ける。しかし、生きて長時間大気を漂っている微生物は、何らかの工夫をして、細胞へのダメージの蓄積を防いだり、ダメージを修復したりしているはずだ。能登半島で飛行機観測を実施したとき、耐塩細菌に着目した。そして、黄砂は日本海の海水を含んで日本に到来するため、塩に耐性のある細菌が多く含まれていた。だが、意外な効用が、大気中で存在する耐塩細菌にはあった。

生物の体のまわりで塩の濃度が高くなると、体内の塩濃度と同じになるように調整するため、生体膜が体内の水分を外に排出しようとして浸透圧が働き、生物の体は干からびてしまう。しかし、耐塩細菌は体内の水分を奪われても体形を維持するために特殊なアミノ酸を体内に生成し、水分の流失を防ぎ、生きながらえる。このようなアミノ酸をクリームとして加工すれば、保湿剤として役に立つ。また、小林の研究では、高高度の大気粒子から分離培養されたバチルス属の細菌を、紫外線に暴露したところ、地上付近で採取した株に比べ、強い耐性をもつことがわかった。やはり、大気を浮遊する細菌群は紫外線に耐え得る物質を出し、たとえ紫外線によるラジカルが発生しても除去する物質を産出しているのかもしれない。ラジカルはアレルギーを誘発する源であり、加齢（エイジング）を促進させる因子でもある。そのラジカルを除去できる物質を大気中の微生物から精製し利用できれば、やはり美容や医療に貢献できる。こうした前向きな開発は、日本にも中国にもwin-winだろう。

食文化とバイオエアロゾル

三つ目は、系統樹を見て潜在意識には潜んでいた。ただ、悪影響を調べるストーリーにしばられていたので心の琴線にはふれず、意識には上ってこなかった。系統樹上には、食の発酵にかかわる微生物種が多く含まれていたのだ（図28）。例えば、スタフィロコッカス属の細菌は、魚でつくった醤油（魚《ぎょ》醤《しょう》）やいしり（石川県の魚醤）の旨み熟成にかかわっていると報告されている。魚醤発酵の主役は乳酸菌であるが、その隠し味にかかわっているのが、スタフィロコッカスといった感じだろうか。じつは、〝*Staphylococcus*（スタフィロコッカス）〟の綴りを見た瞬間、二〇年前の大学で受けた講義にタイムスリップしていた。

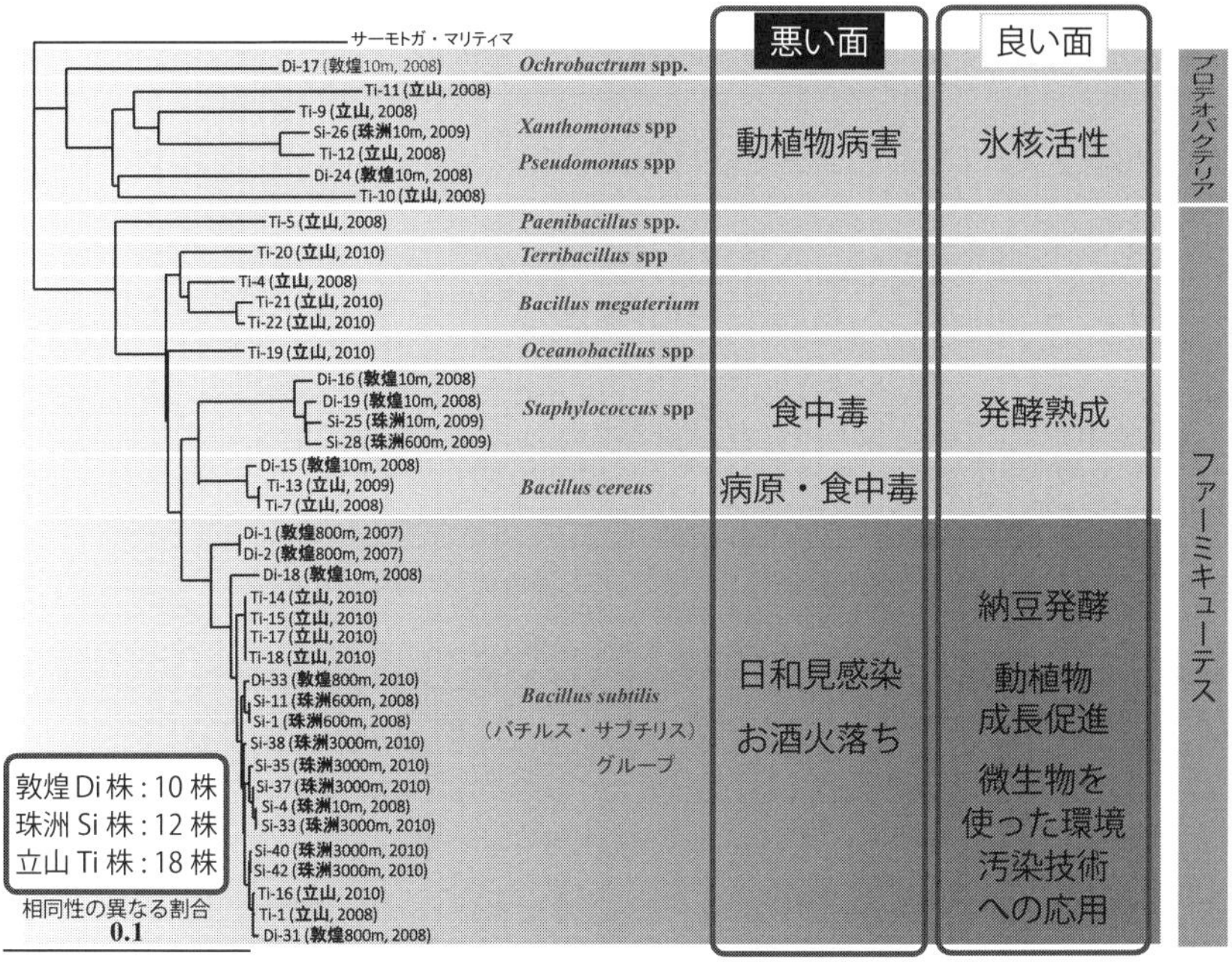

図28　黄砂粒子から分離培養した細菌群の系統樹

系統樹の上で種別にグループ分けすると、それぞれのグループの特性を推測できる。人の見方次第で、良くも悪くも推測できる

　夏休み間近の暑い時期に水産食品学の集中講義が開講され、出席していた。集中講義はほかの大学から先生を招いて開講されるため、学生の休暇期間（先生も休暇なので）に、数コマ分の講義が連日三日ほどにつめこまれる。特に、夏休みの開講になると、酷暑に耐え、先生も学生も根性比べで講義はすすむ。そんな夏の講義で、東京海洋大学の藤井建夫は、魚介類を発酵させ、水産発酵食品をつくるプロセスを滔々《とうとう》と概説した。あまりエアコンの効いていない部屋で、私自身が発酵されかねない

状況で授業は三日間続行されたため、ほとんど内容は覚えていない。しかし、なぜか、魚醤にスタフィロコッカスが含まれていることは頭のどこかに残っており、バイオエアロゾルの系統樹を見たときに記憶に蘇った。魚醤は野外の樽で発酵させる↓大気の微生物が入りこむかも↓スタフィロコッカスが大気から入りこみ魚醤の旨み生成にかかわっているのではないか、と考えもすすんだ。

そこで、集中講義で使用した教科書を、ダンボール箱から見つけだし、ほとんど新品やないか、と自分の勉強していなさ加減に毒づきながら紐解いた。思わず関係のないところまで読み、じつは偉大な先生に講義を受けていたのだなと過去の自分を反省しつつ、醤油のつくり方がいかに複雑であるかを改めて感じた。難しい発酵プロセスを教えてくださっていたのですね。感謝感謝。とは言え、やはり、バイオエアロゾルが発酵にかかわってきたと考えてもよいのではないだろうか。これが第三のバイオエアロゾルの長所である。

さらに、いしりは石川県能登半島で特産の醤油であるため、黄砂で運ばれた微生物がいしりの発酵にどこかでかかわり、いしり文化形成に貢献したのではないかとまで思いをめぐらせた。ところが分離培養した株で魚醤をつくるには、主となる発酵には乳酸菌が必要であり、何より発酵過程も複雑であったため、魚醤の試作は手に負えないと思った。食文化とバイオエアロゾルの間には何かある、とまではアイデアは出たが、実際にそれを検証するのは夢のまた夢か？

就職活動の学生が、ダンスで生きていくストーリーへと編集したように、私もバイオエアロゾルの良い面をストーリーに編集し、食文化の文献や書籍を漁っている次第である。

誕生！〝そらなっとう〟

サイエンス・フィクションは、フィクションではあるが、少し先を見るサイエンス・フィクションを描いて夢みるのも科学者には悪くないと思う。『アンドロイドは電気羊の夢を見るか？』に代表されるフィリップ・K・ディックのSF小説などは、近未来を描き、トリッキーな展開で読者を騙してくれるのがたまらない。アンドロイドが夢を見るかもしれないのだから、科学者は夢を見ても大いによいのではないだろうか。ただ、科学者の場合は、手元にある材料をもとに少し先を夢みるのが必須条件である。

黄砂粒子からはバチルス属の株が頻繁に分離され、そのうちの五割くらいの近縁種は、バチルス・サブチリスである。バチルス・サブチリスに関する報告を探すと、健康被害についてはほぼ言及されず、環境浄化や有機物分解に関する知見がわずかで、納豆菌であるとする論文が多く目についた。当初、健康被害の視点で調べていたので、納豆菌について述べた論文が出てくると、またかと一人で苦笑いするくらいだった。しかし、食文化にも考えが及びはじめ、納豆菌にかかわる数々の論文が頭によぎるようになった。

ある時、薬学部の先生と学生実習の話をしていると、実習内で納豆を学生につくってもらっていて、簡単に納豆はできる、と教えてくれた。実際に納豆のつくり方を聞くと簡単だ。これを聞いて、黄砂に含まれるバチルス・サブチリスで納豆を試作すると面白いのではないかと思惟がささやいた。さらには、黄砂で納豆菌が運ばれる→その菌で太古の日本人が納豆をつくる→納豆文化を育む→黄砂は納豆文化のベクター（運搬体）である、というサイエンス・フィクションを閃いた。じつは、納豆文化は黄砂に支配されていたのだ！　少しディックの小説のようになってきた。

ただし、黄砂から取った細菌がバチルス・サブチリスと同種であるというだけで、納豆発酵能をもつことにはならない。同種であっても、生理特性が異なる場合は多々ある。九州人には酒豪が多いが、全員がお酒に強くないのと似ている。そこで、実際に納豆を試作した。大豆を煮こみ、熱い大豆に細菌株の培養を混ぜ、大豆を室温四〇度で保温するだけで納豆ができる（図29）。最初の試作では、細菌株の培養に、黄砂時の能登上空三〇〇〇メートルから採取したバチルス・サブチリスを使用した。高高度の細菌のほうが、〝黄砂〟と〝納豆〟のシュールレアリスム的つながりをより強めてくれるように思えたからだ。

確かに納豆の作製手順は簡単だった。もし分離株が納豆菌なら納豆が醸し出されるはずである。そして、発酵がすすむと、研究室内に納豆の匂いが蔓延しはじめるではないか。まさか、能登上空三〇〇〇メートルのバチルス・サブチリスを使って、納豆ができるとは。大豆の表面は白い衣に覆われ、よく見る普通の納豆だ。大豆をつまみ上げると、白糸の滝のごとく大豆が糸を引く（図30）。粘り成分である

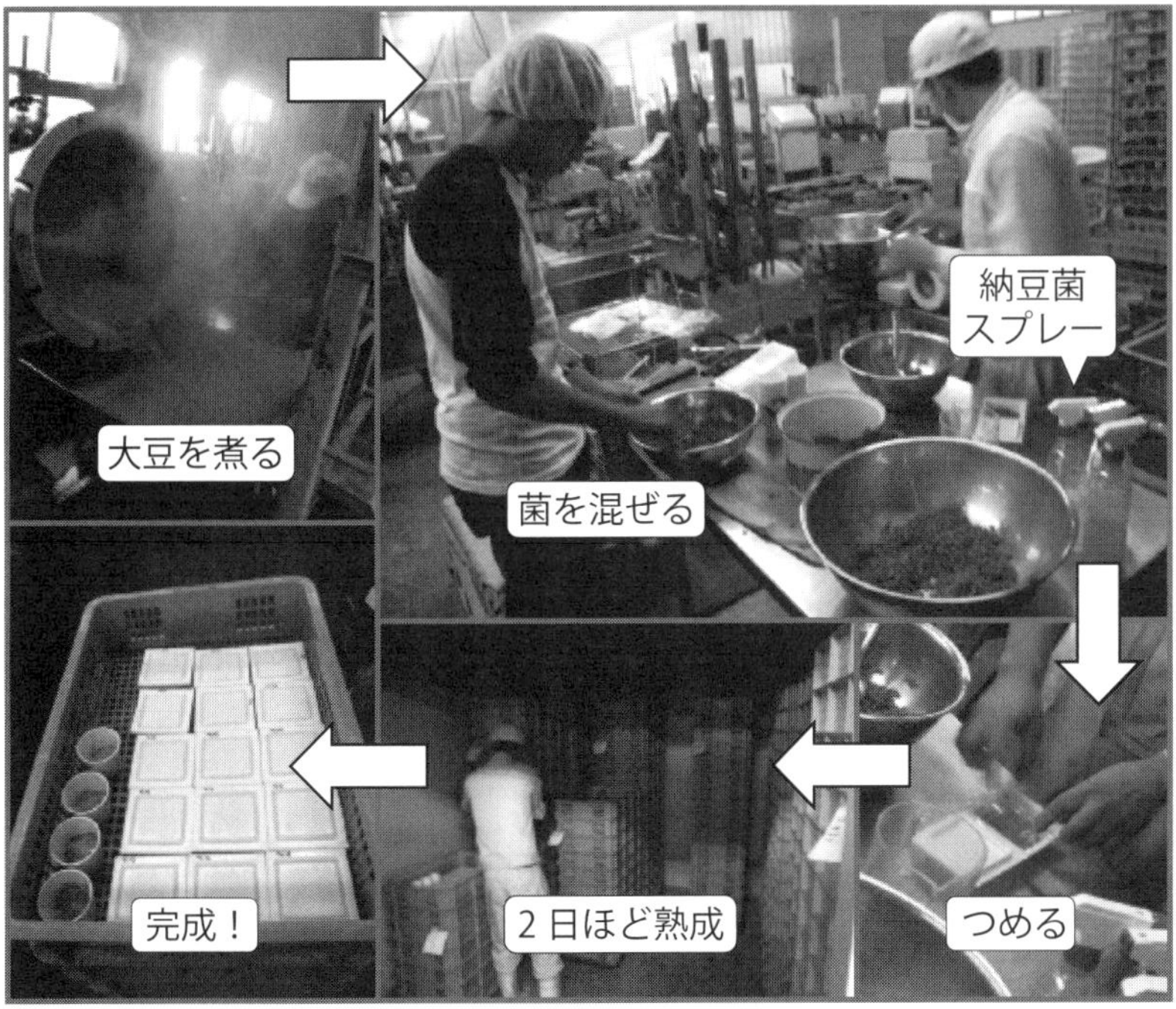

図29　納豆工場（金城納豆食品）で納豆を製造している風景
能登上空3,000mの大気粒子から分離した細菌株を使って納豆を作製した。意外に納豆の製造方法は簡単だ

高度3,000mの分離菌
（珠洲Si-37株）

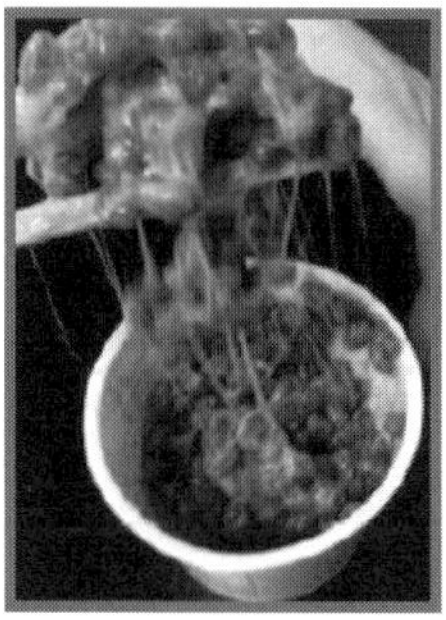

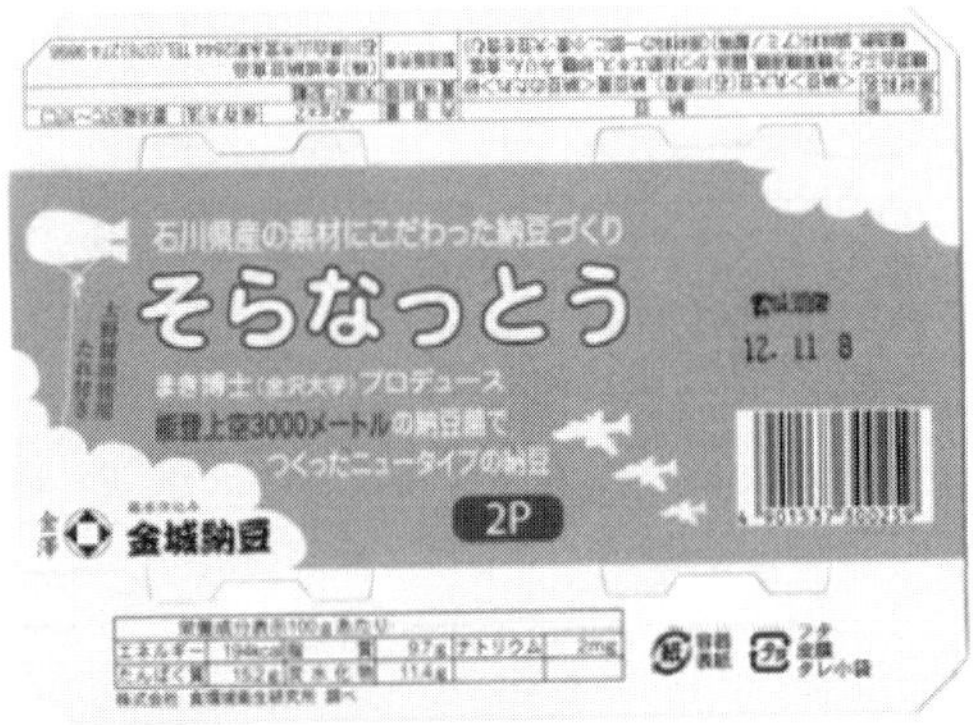

図30　能登上空3,000mの大気粒子からの分離細菌株で作製した納豆
左：作製した納豆は、確かに粘るが、粘り弱め匂い控えめである
右：2012年7月10日（納豆の日）から“そらなっとう”として北陸一円で販売された

ポリグルタミン酸を測定すると、一グラムあたり五ミリグラム程度であり、市販の納豆より粘り成分は七割と少ない。実際、糸引きは五〇センチメートル以上あるが、糸自体は細く、粘りが弱い。白糸の滝のような粘りの所以《ゆえん》だ。

ところで、本当に〝納豆〟と言っていいのだろうか。不安になり、石川県内の納豆製造・販売業者（金城納豆食品）に試作品を持ちこんだところ、担当者の吉田圭吾はうさんくさがっていたが、確かに納豆であるとお墨つきをくれた。納豆臭があり、糸引きがあれば、納豆と認定してよいそうだ。その後、最初は怪しがっていた吉田も、徐々に私のよくわからない研究への情熱に絆《ほだ》されたのか、商品化を考えるようになった。吉田も研究者仲間に加わり、試食を重ね、学生には試食を拒否され、試行錯誤を繰り返し、商品化に至った。この思わぬ副産物を前に、

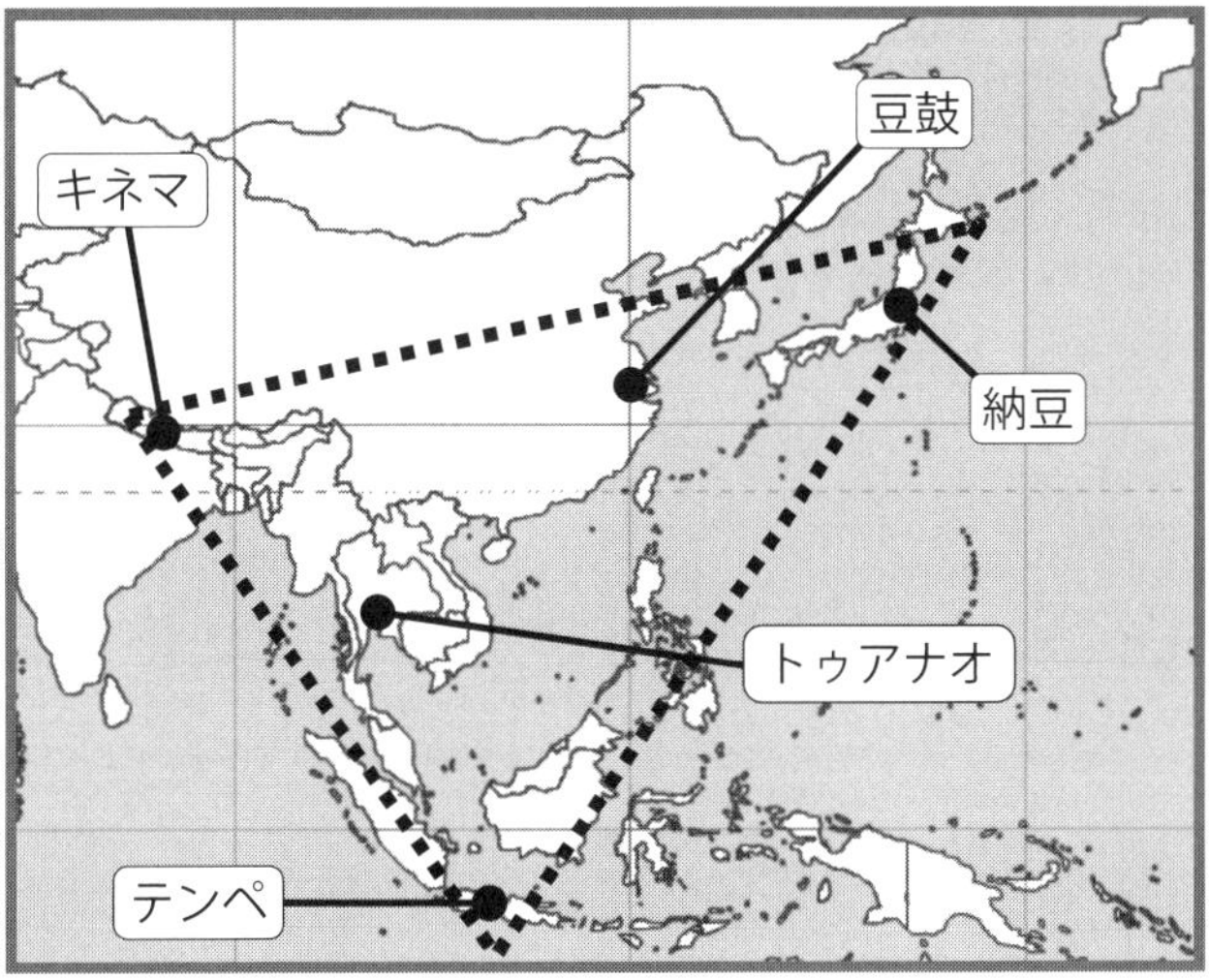

図31　納豆トライアングル
アジアの大豆の発酵食品には、日本の納豆、中国の豆鼓《とうし》、ネパールのキネマ、インドネシアのテンペ、タイのトゥアナオなどがある。これら大豆発酵食品は、日本、ネパール、インドネシアを結ぶ三角地帯でおもに製造・消費されている

研究者仲間と談笑しながら、〝そらなっとう〟と命名した（図30）。

二〇一二年七月一〇日の納豆の日に販売を開始し、ＪＡＬの機内食で提供されるなど注目を集め、二〇二一年現在も、石川県内のスーパーで販売され、県内ホテルの朝食でも提供されている。

納豆文化の起源

大豆の発酵食品は、日本、ネパール、インドネシアを結ぶ三角地帯で、おもに製造・消費されている（図31）。この三角形を〝納豆トライアングル〟と名づけたのは、植物学者でもあり探検家でもある中尾佐助である。中尾は、東アジア一円の植物の分布を調べるうちに、照葉樹林帯であるネパール・ヒマラヤには、日本人と共通した文化体系があることに気づいた。そこで、東アジアの照葉樹林地域に共通して見られる文化は、中国雲南省に起源を発するという大胆な〝照葉樹林文化論〟を唱えた。〝納豆トライアングル〟の大豆発酵文化も中国雲南省から広がったことになる。この学説では、納豆文化の起源が一つなので〝起源一元論説〟と言われている。

一方で、〝そらなっとう〟が作製できたことで、太古の人類が大豆を調理する工程で、黄砂で運ばれたバチルス・サブチリスが煮豆に混入し、発酵された煮豆が納豆になったとも考えられる。このような納豆がさまざまな地域でつくられ、地域ごとに納豆文化が根づいたとみなすと、納豆の起源は多数あるとする〝起源多元論説〟が支持される。

黄砂で風送された微生物が食品発酵に利用され、日本の発酵食品文化の変遷と歴史にかかわってきたのではないかと、太古の日本に思いを馳せる。

中国の砂漠と日本でサンプリングを重ね、より多くのバチルス株が得られるようになった。後方流跡線解析で、その株のバチルスが漂っていた空気がどこからきたかには当たりがつく。しかし、あくまでバチルスが、〝黄砂発生源の砂漠〟と〝黄砂が生じた日本〟に共通して漂っていたという事実があるだけだ。必ずしも中国の砂漠から日本まで長距離輸送されたという確証はない。長距離輸送の可能性が高まっただけである。可能性だけだと、砂漠から日本まで飛来する途中で、新たにバチルスが加わったかもしれない。日本での巻き上がりも否めない。

いよいよ砂漠と日本だけでなく、中継点での観測も必要になってきた。〝そらなっとう〟で砂漠の出禁が解除され、超並列シーケンサーという武器も手に入り、中継点を含めた日中観測へと拡充できそうだ。

6 日中韓蒙、ドラゴン

再び日中韓での観測へ。そして、モンゴルへ

納豆は健康にはよいが、粘りと匂いで嫌う人も多い。特に匂いが独特で、学校に放置された雑巾の匂いとか、履きつづけた靴下の匂いとかにたとえられ、日本人でも関西圏を中心に忌避される。外国人であればなおさら拒否反応が大きいようである。ところが、共同研究者であるイギリス人やニュージーランド人は、〝そらなっとう〟をプレゼントすると喜んで食べてくれる。やはり研究者の奇天烈なものを追い求める性《さが》のためか、匂い、粘りを超えてその本質を楽しむようである。

私も、海外に出向いた際には馬の乳を発酵させた馬乳酒《ばにゅうしゅ》や、粟《あわ》を原料とした蒸留酒である白酒《ばいちゅう》などの独特な風味のお酒を楽しみ、ショウリョウバッタやサソリや蛾の幼虫を使った料理であってもポテト

チップス感覚で平らげる。意外にもえいやっと食べて、食べつづけていると美味しくなるものだ。

それでは、一般の外国人にとって納豆はどうだろう。じつは砂漠への出入りを禁止されていた中国で一般公開シンポジウムを開催し、そこで〝そらなっとう〟を一般の聴衆に配ってみた。すると、あっという間に品切れとなり、会場内で食べる強者もいるではないか。挙句は私のところにやってきて、流暢な日本語で「美味しかったです。私はつくば市に三年いました。その時、納豆の味を覚えました」と話しかけてくれる人もいた。

どうやら、同じアジア圏ならハードルが低いようである。と思っていたら、中国には〝豆鼓《とうし》〟という納豆と同様の大豆を発酵させた食品がある。粘りはないのだがバチルス・サブチリスを使って大豆を発酵させるので、匂いは納豆臭であり、ラー油につけた状態で販売されている。豆鼓はそのまま食べるより料理に加える香辛料の一つとしてよく使用されており、中国料理などで知らず知らず食べているかもしれないのだ。このように従来の大気研究から逸脱し、食品開発をしているうちに、中国側も食に国境なし、奇想天外な納豆に呆れ、怒っても仕方がないと思ってくれたのか、敦煌《とんこう》を含め中国での観測が許可されることになった。

許可が出たころは、煙霧（ＰＭ２・５）による大気汚染が深刻化しており、中国側も健康被害を認めざるを得なくなっていた。また、科学的に見て自国は絶好の観測場所と認識したようで、中国の研究者からも大気汚染に関する論文が出はじめた。煙霧のススに関心が及び、バイオエアロゾルにも興味をもつ新興勢力が中国側にも現れた。その一つが蘭州大学である。

蘭州大学は、中国内陸部の黄河のほとりにキャンパスがあり、乾燥地に特化した大気観測サイトを近郊にもつ。キャンパスから北か西に数百キロメートル行くと、それぞれゴビ砂漠かタクラマカン砂漠が広がっており、乾燥地を研究するには絶好の場所になる。また、ここでの観測情報をもとに、砂漠化の進行状況が詳細に把握され、長期的な黄砂発生が予想され、砂漠化対策に向けた中国の要所でもあるようだ。蘭州大学において大気物理学の研究室を構える黄建平《ファンジャンピン》と黄忠伟《ファンゾウヘイ》は、バイオエアロゾル研究を躍進させる独自の二つの観測システムを有する。まずは、黄砂発生に合わせ乾燥地を移動観測できる〝大気観測自動車〟である。観測自動車には、大気粒子の大きさ、密度、形などを自動測定できる粒子自動測定装置、太陽からの放射エネルギーなどを測定する大気観測機器などが備えつけられている。したがって、移動しながら、黄砂発生にかかわる環境データを集めつつ、バイオエアロゾルなどの大気粒子を捕集することができる。

二つ目は、蛍光を使ってバイオエアロゾルを自動測定する〝蛍光ライダー〟である。生物細胞の酵素や生成物に、紫外線のような短い波長の光を当てると、少し長めの波長光である蛍光が検出される。蛍光ライダーは、この性質を利用して、短い波長の光を上空の大気に打ちこみ、浮遊する生体粒子（バイオエアロゾル）から返ってくる蛍光を測ることで、高高度を浮遊するバイオエアロゾルを測定できる。なお、上空の黄砂や煙霧を測定するのに使用されるライダーにこの蛍光検出システムを追加して開発されたので蛍光ライダーと呼ばれる。

　この蛍光ライダーは、蘭州大学の黄忠伟が日本への留学時に開発した装置であるが、維持費が日本では望めなかったので、蘭州大学によって引き取られたという経緯がある。日本では、研究開発には研究費がつきやすいが、開発した技術やシステムを維持し運用するのには、研究費を獲得するのが難しいように感じる。そのため、蛍光ライダーは、将来的に利用価値がありそうな日本で開発された技術が海外の先見性のあるフットワークの軽い組織によって引き継がれてしまった一例である。

　しかし、日本にもありがたい補助金システムが存在する。黄砂や煙霧による大気の問題に関心が集まりつつあったころ、大気環境研究を専門にすすめる甲斐憲次（名古屋大学名誉教授）が、日本学術振興会の研究拠点形成事業「アジアダストと環境レジームシフトに関する研究拠点の構築」の助成金を使って、黄建平とともに蘭州大学で、東アジアの越境大気に関するセミナーを開催した。二〇一四年八月に甲斐セミナーが発足し、日本・中国・モンゴルの研究者が招聘され、ここで私は蘭州大学のメンバーと出会った。モンゴルからは、国立気象水文環境情報研究所（ＩＲＩＭＨＥ）の研究者が出席していた。ＩＲＩＭＨＥでは、ゴビ砂漠を重点的に観測しており、黒崎泰典や石塚正秀と一緒に砂漠からの砂塵の舞い上がりについて研究がすすめられていた。

　甲斐セミナーでは、黄砂に含まれる鉱物粒子の舞い上がりや風送過程を対象とした研究発表がおもであった。微生物学を専門とする私は異分野であったが、バイオエアロゾルの話題を提供すると、新規の研究として、参加者に温かく迎え入れてもらえた。さらには、蘭州大学とＩＲＩＭＨＥのメンバーが、観測サイトを提供するので、微生物も採取しないかと提案してくれた。これで、ＩＲＩＭＨＥがゴビ砂漠での観測を請け負い、蘭州大学がゴビ砂漠から中国沿岸までの観測を受け持ち、日本の能登で飛来した黄砂を採取することで、黄砂の飛来経路を網羅して試料を採取できるようになる。これが、東アジアを覆う同じ黄砂を一斉に採取して観測するプロジェクトの第一歩となった。黄河船上で振る舞われる黄河ビールが、蘭州のからい四川料理に合うように、セミナー参加者皆が意気投合した。これは共同研究のマリアージュであったと言ってもよい。

一方、中国大陸を発する直前の黄砂を捉えるには、韓国が要所になる。韓国と日本の試料を比較すると、日本海を跨いで変化する微生物群集が理解できる。先の甲斐セミナーには、韓国のメンバーは出席していなかったが、韓国での観測は専門不明の洪天祥《ホンチュサング》（韓国外国語大学）が受け持つ。洪は、岩坂泰信が教授として在籍した名古屋大学に留学し、黄砂研究で博士の学位を取った後、二〇〇一年に東アジアで展開されたプロジェクトACE-Asiaにも参加し、黄砂研究に携わってきた。よって、甲斐セミナーが発足する一五年以上前から、中国の石広玉や陳彬とともに日中韓のネットワークを築き黄砂観測に貢献してきたのである。私にとっては黄砂研究の大先輩になる。洪は、韓国語、日本語、英語に堪能で、韓国での黄砂観測の窓口を受け持つ。そのため、洪に依頼すると、韓国での長期観測も可能となる。洪は兵役についた経験があり、厳しく的確に学生に指示を与え、役割分担し、黄砂が発生しやすい春から初夏には月月火水木金金で試料を採取する。連日採取した試料は、連続的な気象現象や突発的な気象現象も押さえやすいので重宝される。特に、先に述べたとおり、黄砂飛来の予測は難しいため、連日採取した試料セットがあると、その中から黄砂日を選んで重点的に解析できる。通常、安息日の休日は神様も寝ているくらいなので、日曜と祝日がない歯抜けの試料セットになりがちである。しかし、洪の率いる研究室で採取された試料では、歯が全部揃う。

甲斐セミナーの後、意気ごみにあふれ、専門分野の異なる研究者が集まると、〝日本酒〟〝白酒〟〝チャミスル〟〝馬乳酒〟の寄せ集めの酒が並んでいるみたいだった。しかし、この東アジアの癖ある酒を〝カクテル〟するには、当然、クリアしないといけない課題があった。

ジャッカル式サンプラー

東アジアでの観測地で〝同一黄砂、一斉観測〟を計画する段階になって、大きな問題に突き当たった。今回は、東アジアに散在する複数の観測サイトで微生物を採取するため、中国とモンゴルの研究者にサンプリングを依頼しなければならない。しかし、彼らは、大気物理学や大気化学が専門で、微生物の取り扱いは不慣れであった。通常のバイオエアロゾルの採取は、粒子を採取するフィルターをクリーンベンチで無菌的に交換する作業をともなうが、中国とモンゴルの研究者の研究室には微生物専用の設備もノウハウもない。そのため最初は、私自身がそれぞれの共同研究者の観測地点に出向き、サンプリングを実施し、手順を伝授することになった。先述したように、サンプラーは、フィルターホルダーとそれをポンプとつなぐホース、担体であるパイプやプラスチック箱、ポンプから成っている（図7）。五キログラム以上の重量があり、海外での移動となると、担体部分がスーツケース内で嵩張り、飛行機に搭乗する際に預ける荷物でも、重量制限が気になる。共同研究者も、サンプラーを移動するには軽くコンパクトなほうが好意的にサンプリングに参加してくれるだろう。もっとサンプラーを軽量化しなければならない。しかも、伝授する段階で、重大な問題が加算された。大陸で作業すると、砂塵や黄砂が発生する春は、零下になることが多い。フィルターホルダーとホースをつなぐチューブの穴は、零下になると（モンゴルの冬はマイナス一〇度を切ることがたびたびある）収縮し、フィルターホルダーが挿しこめなくなる。特に、冬から春に零下になる砂漠地帯では作業が難しい。まとめると、海外の共同研究者にバイオエアロゾルを採取してもらうには、〝簡単な操作〟〝移動に適した運搬〟〝寒冷地対応〟を解決するのが課題であった。そこで、サンプラーの大改造を試みた。

サンプラー問題の解決策を模索しながら、何かいい部品はないかと、フィルターホルダーを持ってホームセンターを徘徊した。哲学者の西田幾多郎は京都銀閣寺付近の〝哲学の道〟を歩き発想を得た。私にはホームセンターが〝哲学の道〟だ。すると、ホースを三つ又につなぐT字のジョイントが目に止まった。T字ジョイントは、硬質プラスチック製のT字形のパイプである。フィルターホルダーの挿しこみ口を見ると、ちょうどジョイントに挿しこめそうである。実際にジョイントを購入し、フィルターホルダーを挿しこんでみると、隙間なく合う。実験室で接合部分に石鹸の泡をつけて、すべての穴をふさいで吸引すると、泡は変化せず、密閉性は確かに問題ない。硬質プラスチック（マイナス二〇度まで耐性）であれば、気温変化にも強く、零下が続く中国大陸であっても変形せず、フィルターホルダーを挿入可能だろう。

こうした作業をしていると、フレデリック・フォーサイスの小説『ジャッカルの日』が思い出された。暗殺者ジャッカルがフランスのドゴール大統領の暗殺を企てるアクション小説である。大統領をねらうには、ジャッカルはライフル銃を持って警備の包囲網をかいくぐらなければならない。そこで、ジャッカルは、松葉杖に変形するライフル銃を自作し、その松葉杖をついた傷痍軍人を装って包囲網を突破し、再度組み直したライフル銃で大統領を撃つが……（この先は小説でどうぞ）。松葉杖になってしまうライフル銃とはどのようなものかと、映画で確認してみた。ライフル銃といってもほとんどパイプではないか。

サンプラーもほぼパイプだけにできれば、持ち運びも簡単だ。ジャッカルも、パイプ状のライフル銃だったので、簡単に検問を通過し国境を越えている。

T字ジョイントを┣┣┳┣┣と短いホースでつなげば、ジョイントだけで棒状になり、両端二つの上向きのT字ジョイントの凸部分にフィルターホルダーを挿しこめば水平に安定する。真ん中の下を向い

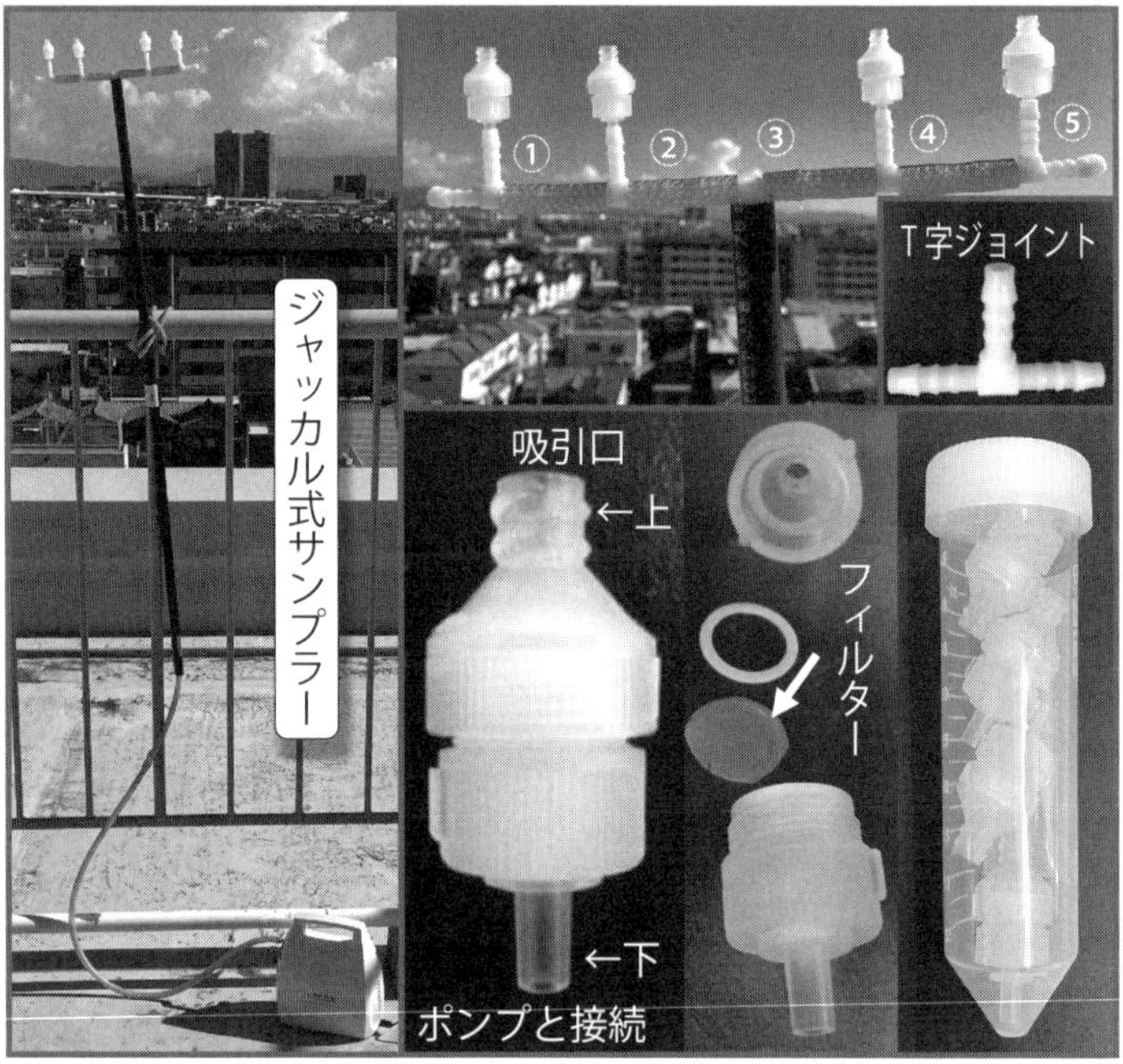

図32　ジャッカル式サンプラー
左　：おもにパイプとホースで構成され、運搬と取りつけが簡単である
右上：T字ジョイントを５つ並べて支柱として、両端２つずつにフィルターホルダーをつける
右下：小型のフィルターホルダーは４つずつチューブに入れて運搬発送しやすい

たT字ジョイントの凸部分には、ホースをつなぎポンプへと導く。ホースを五〇センチメートルの太めのパイプに通し、このパイプを観測場所の柵にテープなどで巻きつけると、垂直に固定でき、連結したT字ジョイントが空中で突き出る。ほぼパイプでできたサンプラーの完成だ。私の文章表現力は、フォーサイスの小説に一〇〇ゲームくらいの差で負けているので、是非、図32を見てサンプラーの形状をご確認いただきたい。

これで、サンプラーへのフィルターホルダーの挿しこみが円滑になっただけでなく、サンプラー自体が嵩張らず軽く、観測時の移動も楽になる。スーツケースに入れても場所を取らない。パイプも軽いものを選べば、かなり軽量化できる。

小説にあやかって、〝ジャッカル式サンプラー〟と名づけよう。

フィルターホルダーは弾丸

バイオエアロゾルを吸引捕集するのに、従来、直径四七ミリメートルのフィルターホルダーを使用してきた。サンプリングごとに、ホルダーからフィルターをはずし、新しいものと交換する必要がある。作業は、すべてクリーンベンチ内で無菌的に行うので、専門的な熟練の技術を要する。何より、毎回フィルターをはずすのが面倒である。フィルターを交換しなくてすむ方法はないかと考えた。

このあたりもフォーサイスの小説にヒントを得た。ジャッカルは、ライフル銃の弾丸を、車のキーのキーホルダー内に入れ、キーが金属探知機に反応するのをよいことに、金属探知機による検出を逃れていた。サンプラーの改良でライフル銃を参考にしたのならと、フィルターホルダーも弾丸に見立て、より小さい直径一三ミリメートルのフィルターホルダーに変更してみた。フィルターホルダーは小さいので、フィルターをつけた状態で四個ずつ滅菌プラスチックチューブに収納できる。このチューブならフィルターホルダーを滅菌状態で、簡単に運ぶか発送できる（図32）。弾丸をキーホルダーに入れて持ち運ぶ要領だ。

観測時には、プラスチックチューブからフィルターホルダーをピンセットでつまみ出し、サンプラーの先端に取りつけ、ポンプを起動するだけで、大気粒子がフィルター上に捕集される。採取した後のフィルターホルダーは、空のプラスチックチューブに再び戻し、冷凍庫で保存する。フィルターホルダーは小さいので冷凍庫内でも比較的嵩張らない。回収したプラスチックチューブがたまったら、微生物専門の研究者に送ればすむ。これだと、フィルター交換を必要とせず、無菌操作も一切ないので、微生物の専門外の研究者にも作業を依頼できる。作業が簡単になったので、私の共同研究者らも、自身の所属する機関の建物の屋上などでのサンプリングを気軽に引き受けてくれるようになった。

なお、フィルターホルダーを小さくすると粒子の捕集量は少なくなるが、捕集時間を四時間以上確保すれば、微生物を解析できるだけの量を採取できる。共同研究者には、無菌操作を回避してもらうかわりに、やや長めのサンプリングにつき合ってもらうことになった。

このジャッカル式サンプラーが完成した後、甲斐セミナーで、サンプリング手順を実践して見せる体験会を開催した。そして、フィルターホルダーも簡単にサンプラーに挿しこめて、意外に作業は簡単だとわかってもらえたようで、自身の観測サイトでも実施できるという雰囲気になった。その後、私の研究室で、フィルターホルダーへフィルターが装填され、滅菌した後、ホルダーを四個ずつ入れたプラスチックチューブ約五〇〇本が準備された。準備されたチューブは、観測場所ごとに必要な本数に分けられ、黄砂シーズンを控える中国と韓国の共同研究者のもとに旅立っていった。

モンゴルのゴビ砂漠ははじめての観測場所であり、ラクダにサンプラーを齧られると聞いたので、私自身が現地調査してサンプリングを行い、共同研究者にノウハウを徐々に伝授することにした。観測現場に立ってそこの風を感じることは、フィールド研究する者にとって室内実験やデータ解析と同じくらい重要である。フィールドが導く研究の〝ストーリー〟は、研究成果をまとめる段階で自然な考察を与えてくれるからだ。

ゴビ砂漠の観測拠点

ゴビ砂漠の礫と土が広がる平原にポツンとある大気観測サイトは、地球外惑星の宇宙通信基地さなが

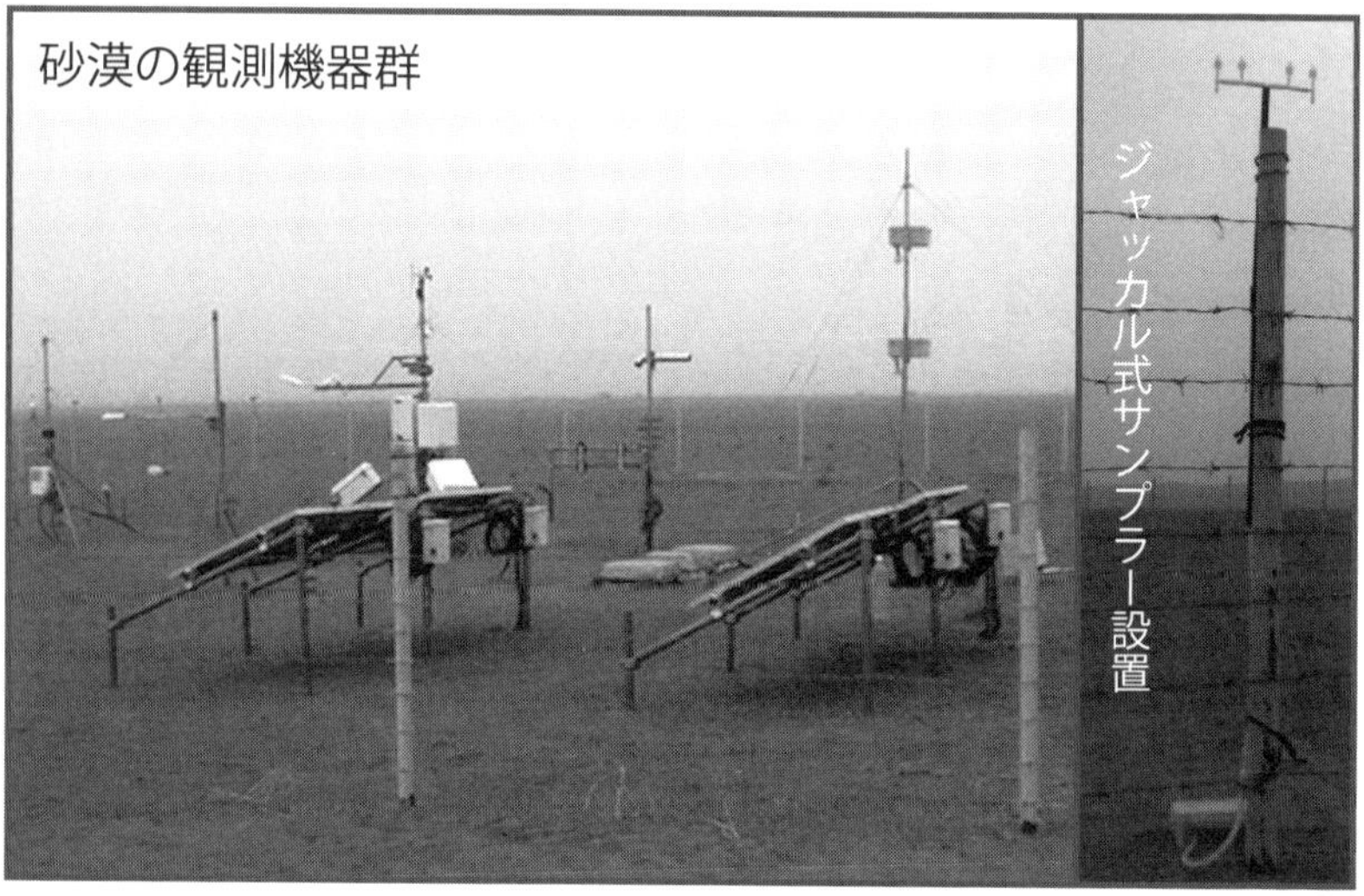

図33　ゴビ砂漠のツォクトーボーにある観測拠点
ゴビ砂漠の礫と土が広がる平原にポツンとある大気観測サイトは、宇宙通信基地を彷彿とさせる

らである（図33）。地殻がむき出しになっている地球外惑星は、無機質であろうから、砂漠のイメージに近いのだろうと思う。そんな宇宙基地を彷彿とさせる観測サイトは、モンゴルの砂漠の町、ツォクトーボーにある。ツォクトーボーには、モンゴルの空港（ウランバートル）から南に五〇〇キロメートル、車で片道一〇時間かけて走ると到着する。道中、赤土に短い草がところどころに生えた荒地が続くが、時々、車の前を羊やラクダの群れが横切り、数十メートルくらいまで砂がトルネード状に舞い上がるダストデビルが何本も併走してきて、退屈しのぎになる。

ツォクトーボーの観測サイトは、先述の私をゴビに誘った黒崎が管理する。黒崎は、鳥取大学の乾燥地研究センターの黄砂研究プロジェクトの一環で、二〇一一年ごろから日本から観測に必要な観測機材をウランバートルに送りこみ、サイトの建設資材などを現地で調達して、数年がかりで、砂漠の観測拠点を立ち上げてきた。ツォクトーボーまでの長い道のりを繰り返し往復し、機材を運びこみ、サイトに設置するのは苦労の連続だったと思う。フィールド調査は、研究だけでなく、このような土木作業の監督業としての能力も必要なのだ。未だに黒崎は、機材を日本から持ちこんで観測サイトを拡充しており、サグラダファミリアのように完成はまだ先のようである。こうして、黒崎との共同研究のおかげで、私は、砂塵舞うゴビ砂漠の真ん中でバイオエアロゾルを採取できている。

ゴビ砂漠は、モンゴルと中国の国境あたりを中心に暈《ぼか》しのように広がっており、ステップ（草原）と砂漠との境界が不明瞭である。ゴビは〝礫が散らばった草がまばらに生えた荒地〟を意味し、つまり砂漠を示す。だから、ゴビ砂漠を、ウランバートルからツォクトーボーにかけ南下すると、荒地が広がっていると思えば、草原が出現し、再び荒野になる。荒れ地と草原がモザイク状に広がっているようなイメージである。夏になると背の低い植物が繁茂するので、草原の面積が明らかに増える。その草を食むラクダや羊などの大型動物が生息しており、その糞が数メートルおきに散在している。また、ゾドという寒雪害が襲うと冬季に動物が大量死し、その死骸がやはり砂漠に散在する。そのため、ゴビ砂漠では、生命活動を感じつつも、その生命には必ず死がともなうと実感できる。

モンゴルとの共同観測プロジェクトが立ち上がり、二〇一五年から二〇一八年にかけて四年続けて三月（春休み）と五月（ゴールデンウィーク）には、ゴビ砂漠のツォクトーボーに滞在した。砂塵の発生を待ち、大きな砂塵がひとたび起こると、ジャッカル式サンプラーを使って大気粒子を採取する。砂塵が生じ収束するまでの一連の試料を効率よく採取でき、試料に含まれる細菌のＤＮＡも順調に解析され、砂塵の発生によって変化する細菌群集がわかるようになってきた。しかし、ツォクトーボーの細菌群集は、黄砂飛来地の日本に対してパラドクス的な変化を示した。

ゴビ砂漠で砂塵が生じると、意外にも、大気中には土壌細菌であるファーミキューテス（バチリ）よりも植物に由来するプロテオバクテリアのほうが増えた。能登半島では砂塵（黄砂）時には、反対に大気に土壌細菌が増えた。さらに、ゴビ砂漠で砂塵がおさまると、植物に由来する細菌が減って、土壌細菌が優占した。これは、黄砂時の日本では、大気中に土壌細菌が増えるのと矛盾しているように思える。ただ冷静に考えると問題はない。ゴビ砂漠の夏には植物が繁茂し草原になり、冬には植物は枯れ、大地はすっかり褐色化する。その枯れた植物体にはプロテオバクテリアも付着している。春には、台風並の風が吹きあれ、砂塵が頻繁に生じ、砂粒子の弾丸によって枯草はすり潰され粉々になり、砂とともに大気中を舞う。すると砂塵時には、土壌だけでなく、植物に由来する細菌も飛散し、大気中に優占する。植物体表面の有機物を使って微生物は増殖しやすく、砂塵時には、植物由来の細菌が大気中に舞い上がりやすいのかもしれない。

一方、砂塵がおさまると、乾燥や紫外線に強い土壌細菌であるファーミキューテス（バチリ）が大気中で生き残り、植物由来の細菌は植物体に付着していないと生きていけず、大気中で消失してしまう。砂塵がおさまった静寂な砂漠の空気は、上空の大気と似ており、舞い上がった細菌群は環境ストレスを受け、耐性のある土壌細菌が生き残るようだ。確かに、陽光が燦々《さんさん》と降り注ぐ静寂な砂漠では、湿度数パーセントの空気に肌が刺激され、まるで上空をヘリコプターで飛んでいるような気分になる。砂漠の静寂な空気は上空と似ており、そこを漂う微生物はすでに長距離輸送されている状態にあるのかもしれない。静寂な空気は上空まで一様であり、長距離輸送されやすいのは、やはり土壌細菌なのだろう。

東アジアから集まった観測試料

ゴビ砂漠で観測を終え日本へ帰国する際、ゴビ砂漠で生じた砂塵と一緒に日本に戻ることがあった。そして、帰国直後に、慌てて黄砂を採取した。何度か黄砂とともに帰国する道中、飛行機を乗り換えるソウルで、モンゴル→中国→韓国→日本で、この黄砂を採取できないだろうかと思うようになった。今、ジャッカル式サンプラーで、海外の研究者にもサンプリングを依頼しやすくなっている。超並列シーケンサーでの解析も、地方大学の小さな研究室でも手が出せるレベルになり、解析できる試料数も数十倍に増えた。こうした追い風もあり、そのころには共同研究者が運用する観測サイト数も増え、一七カ所にも及んでいた（図34）。黄砂や煙霧の飛来経路を網羅してサンプリングするには十分だし、その試料

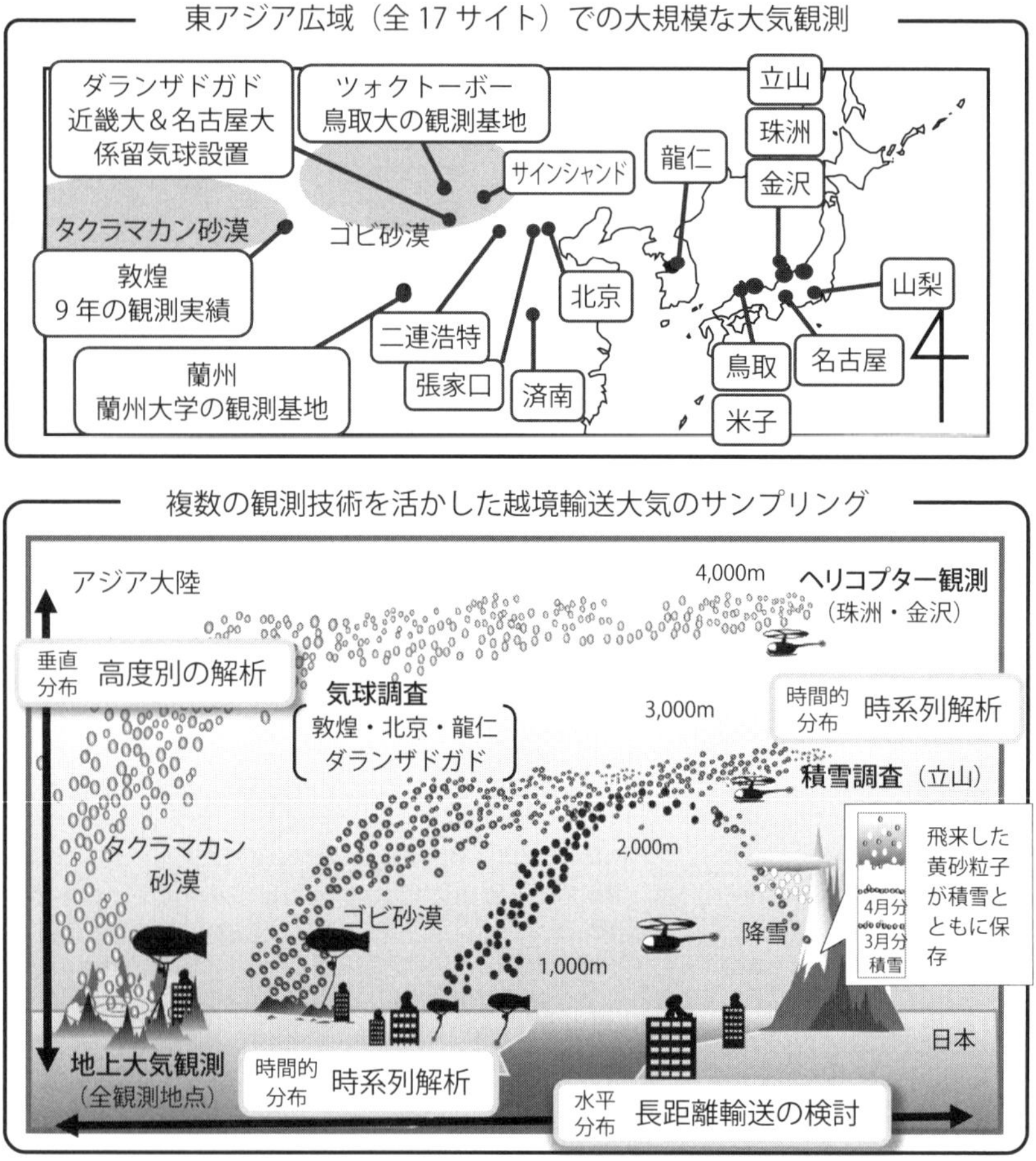

図34　バイオエアロゾルを標的とした東アジア一円での大気観測
上：黄砂発生源と飛来地の微生物を比較し、長距離輸送を考察できる
下：飛び具で微生物の垂直移動を調べ、長期観測などで時系列変化がわかる

の解析にも対応できる程度に遺伝子解析技術も熟してきた。

そこで、日中韓蒙の研究者が集い、東アジアに生じた同一の黄砂を、ゴビ、中国、韓国、日本で一斉採取するプロジェクトを始動させた。〝同一黄砂、一斉観測〟である。おもな観測サイトは、ツォクトーボー、北京、龍仁《ヨンイン》、珠洲《すず》、金沢で、日中韓のその他サイトではゲリラ的に大気粒子を採取する。発生源を同じくする黄砂を一斉に東アジアの観測サイト数拠点で採取し、微生物の群集構造を比較し、発生源から飛んでくる間の微生物群集の変化を調べようというわけだ。もしかすると、砂漠で捕集した微生物細胞のクローンが、各観測地点で採取できるかもしれないという夢も広がった。

壮大なプロジェクトが開始されたように思えるが、実態は泥臭い。先述のゴビ砂漠のツォクトーボーで観測しているときに、砂塵が生じると、その砂塵が日本へと飛来することを黄砂予報で判断する。日本に飛来するようなら、ゴビ砂漠でのサンプリングを共同研究者に託し、日本に二日かけて戻り、一緒に移動してきた黄砂を、ヘリコプターを使って能登で迎え撃ち採取する。帰国途中に、日本に飛来する黄砂の中継点である中国と韓国の共同研究者に連絡して、建物屋上などで黄砂を採取するように依頼する。すでにジャッカル式サンプラーを送りこんでいるので、予定が合えば、移動中の黄砂を採取してもらう。

ちょうど春休みやゴールデンウィークは大学も休みで会議や講義もなく、黄砂が頻繁に発生する時期でもあり、休日返上で〝同一黄砂、一斉観測〟に明け暮れていた。黄砂を採取できるかどうかは運次第のところがあり、数を打つだけ当たりやすい。どこかギャンブルに似ている。しかもうまく採取できると多幸感を得られるので、休日返上で数を稼ぐ。競馬もパチンコもやらないので少し違うかもしれないが、ギャンブルにハマる人の気持ちがわからないでもない。平日は講義や会議があるため、まとまった時間の取れる休日に観測することになっても苦にならないのは、黄砂採取のギャンブル性によるものだろう。

しかし、私の休暇だけでは、打つ数も限られるし、黄砂発生時だけをねらっていては予定が合わず、試料採取を逃すこともある。そこで、パチプロ集団〝梁山泊〟並みにギャンブル攻略法を考え、妙案を思いついた。黄砂の有無にかかわらず、黄砂シーズンには地上で継続的に大気粒子を採取するとよいのだ。そうすれば、地上だけだが、連続採取試料の中には必ず黄砂の試料が含まれる。この働き方改革の昨今、休日返上でサンプリングを誰がやるのかという話だが、長期連続採取は中国蘭州と韓国龍仁で敢行された。先述の洪の研究室がそうであったように、中国と韓国では儒教の教えが染みこんでいるのか、所属研究室の長が命じると学生やスタッフは、休日返上でサンプリングを実施してくれる。依頼している私からすると申し訳ないのだが、おかげで黄砂が飛来する三月から六月にかけて、建物屋上で採取した試料が一日も欠かさず揃った。つまり、毎日採取した蘭州と龍仁の試料セットの中には、ゴビ砂漠と金沢で採取した黄砂が必ず含まれることになる。それでも満足のいく黄砂が得られるのは、その試料セットの一部である。黄砂が生じても大気塊の移動高度が高すぎたり、動きが北や南にそれたりすると、蘭州と龍仁では空振りに終わる。大陸側で黄砂を捉え、それを日本で捉えるのは、なかなか難しい。やはりギャンブルなのだ。

ゴビで砂塵の粒子を捉え、風下では粛々と試料が採取され、日本に飛来した黄砂はヘリコプターと立山積雪で迎え撃った。東アジアを跨ぐ黄砂というドラゴンを日中韓蒙で共同捕獲といったところか。いよいよ東アジアの癖の強い酒も007のジェームズ・ボンドに飲んでもらえるようなカクテルになってきたようだ。「ステアではなくシェイクで」

そして、二〇一七年、三年間でかき集めた試料は、全八〇〇試料を超えた。

ビッグデータは〝ドライ〟がお好き

カタカタカタカタと隣席ではケビン・リーが猛烈な速さでパソコンのキーボードを操作し文字を打ちこんでいる。花の蜜を吸うハチドリの羽ばたきのごとく見えないくらいの速さだ。ケビンのキーボードさばきが、クリント・イーストウッド演じるガンマンの早撃ちなら、私など〝ただの町の人〟くらいのレベルだ。〝ただの町の人〟は、決闘などしないので早撃ちする必要もない。私も、ケビンが行っているコンピュータ解析をする必要がないので、やはり〝ただの町の人〟なのだ。いや、正直にできないと言うべきか。じつは、乾燥しがちなモンゴルで毎年観測を重ねていた一方で、降水豊かなニュージーランドのオークランド工科大学にも長期滞在し、ケビンの横に席をもらっていた。そして、そのできないことをケビンに依頼していたのだ。ケビンは、ただのDNA配列の生データをコンピュータで解析し、配列がもつ情報を発掘してくれる〝バイオインフォマティシャン〟なのである。例えば、微生物群集のDNA配列を近縁な者同士でグループ化し、そのグループごとに近縁な種を見つけ、微生物群集に含まれる種の割合（種組織）を棒グラフで表示するまでをパソコン一つで実施してくれる。

超並列シーケンサーの導入によって、世界的に環境ゲノムDNAのデータベースが激増した。そのため、バイオインフォマティシャンの活躍は今や目覚ましい。クローニング解析なら多くて数十の試料で、数百くらいの配列ならパソコンの画面上で目視で確認し、微生物種を特定できた。よって、私も自分の手を動かし、微生物群のグループ分けや近縁種の探索を自身で行えた。一方、超並列シーケンサーになると、試料数は一〇〇以上に及び、配列数も数万以上に及ぶため、シーケンサーから出てきた生データをソフトウェアで一括して解析するバイオインフォマティクス解析に頼らざるを得ない。もともと遺伝子解析のソフト開発はコンピュータサイエンスとして一研究分野であったが、今ではソフトの使用方法や選択にも専門的知識を要し、データベースの遺伝子配列をパソコン上で解析するのみで微生物生態学の研究が成立する。

現在、試料を採取し微生物の遺伝子配列を決定する〝ウェット〟の研究者と、その配列をパソコン上で解析する〝ドライ〟の研究者へと分業化がすすみつつある。ただ、〝ウェット〟と〝ドライ〟の研究者がタッグを組むのが好ましい。〝ウェット〟が試料を取ってきてDNAを決定し、そのDNA情報を使って〝ドライ〟が解析して、両者で議論しながら考察をまとめる。F1で言うと、ドライバーとエンジニアの関係だろうか。でも、〝ウェット〟も〝ドライ〟も、自分が花形のドライバーだと言いそうだ。これでは喧嘩になる。ダイヤモンドを発掘する人とそれをカットして装飾品にする人の関係だろうか。これなら喧嘩にならないだろう。

日中韓蒙の数百以上の試料から得た微生物の遺伝子配列も、微生物群集構造解析ソフトQiime《チャイム》で解析すると、これまでの結果が裏づけられたうえ、新たな発見もあった。

試料数が一〇倍になっても、黄砂時には通常時に比べると細菌の種数が増えた。黄砂は、大陸内部、大陸沿岸、日本海と経由して飛来するため、さまざまな細菌を混合して、種類を増やしながら日本にやってくるのだろう。これまで黄砂や煙霧でよく見られた土壌細菌のファーミキューテス（バチリ）やアクチノバクテリアの種が優占し、群集構造には偏りがある（図35）。一方、非黄砂日の大気では、大陸側でも日本でも植物由来細菌のプロテオバクテリアが増える傾向にあった。この植物由来の細菌種は多様で、それぞれの観測地で異なっており、長距離輸送は考えにくい。黄砂が飛来する観測地周辺には森林や農作地が多く、その土地の細菌（ローカルな細菌）が恒常的に漂ってきているのであろう。また、黄砂や煙霧の時に海洋細菌が、島国日本では増えたのに対し、大陸側（韓国や中国北京）では低いまま維持する日が多かった。日本海から舞い上がった海洋細菌が、日本に飛来した黄砂に混合していたので

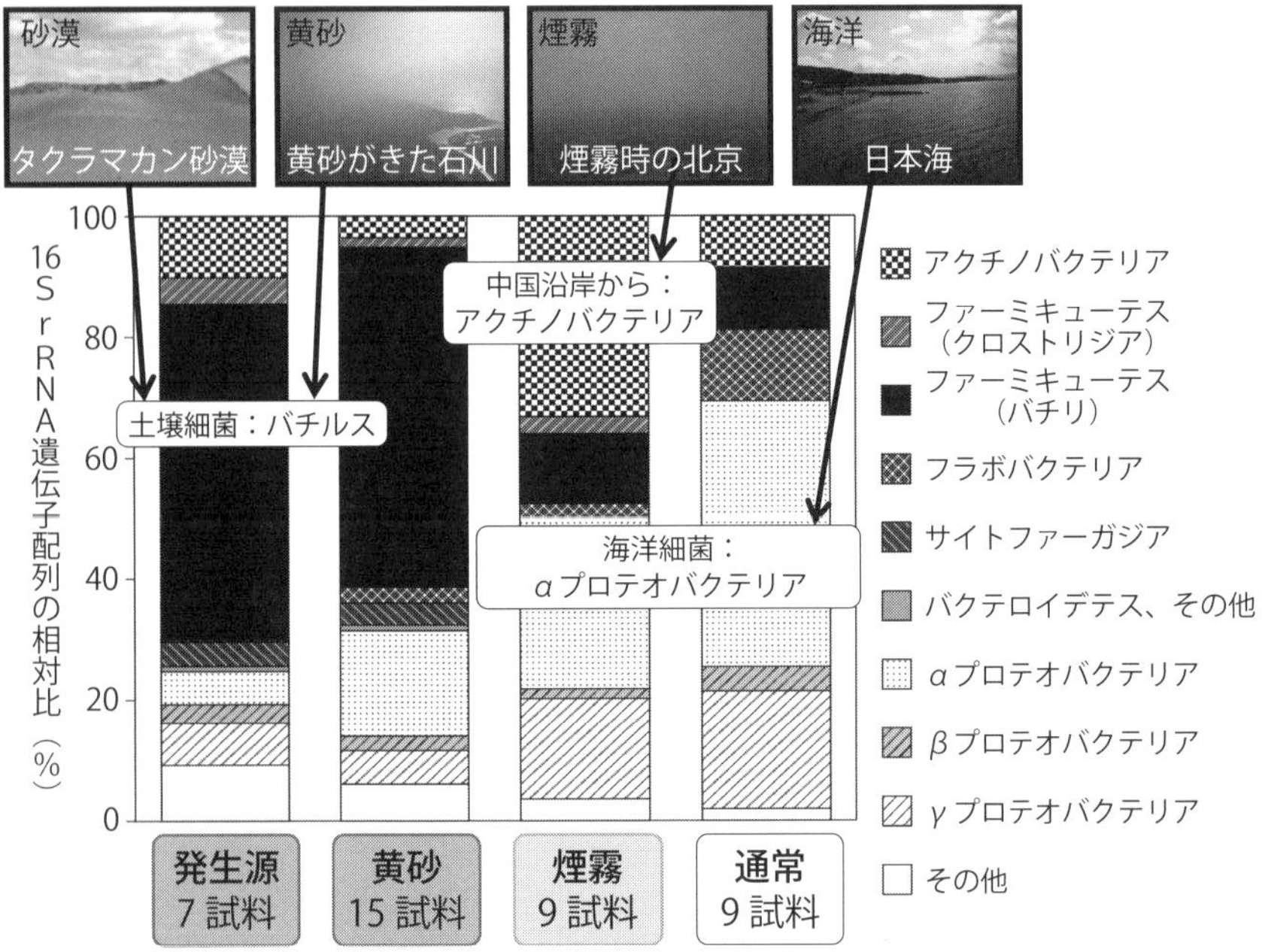

図35　東アジアで採取した大気粒子に含まれる細菌の群集構造（一部試料）
黄砂発生源と黄砂発生時の飛来地の大気にはバチルスが優占し、煙霧を含む大気ではアクチノバクテリアが増える。通常時の日本の大気には海洋細菌が多い

あろう。

　整理すると、黄砂や煙霧の飛来地では、通常は〝植物や海洋からの細菌（プロテオバクテリア）〟が大気中を漂っており、一度、黄砂や煙霧が生じると〝砂や土からの細菌（ファーミキューテス〈バチリ〉）〟に置き換わると言え、能登半島や立山積雪の観測結果と一致した。

　しかし、今回の解析では、地上で採取した試料が多く、観測サイト周辺のローカルな影響が強かった。そのため、黄砂や煙霧が飛来しても、植物由来の細菌（プロテオバクテリア）が混在し、土壌細菌の増加が弱い日もあり、これまでのように主観では歯切れのよい議論がしにくくなった。

そこで、バイオインフォマティクス解析を使って、発生源、黄砂日、非黄砂日（通常日）と分けて細菌種（科レベル）の割合を比較した。すると、土壌細菌に加えて、バクテロイデテスに属す細菌群が、黄砂発生源と黄砂時の飛来地で増える傾向が見出された。バクテロイデテスの細菌群は、有機物粒子に付着し凝集して見つかる。有機物を分解し栄養源にしているのか、有機物を生成し凝集しているのかもしれない。納豆菌を代表するバチルスは、粘着質の有機物（ポリグルタミン酸）を産出する一方、栄養が枯渇すると産出した有機物を食べる（分解する）。このように、大気中を浮遊する細菌には、有機物の生成あるいは分解にかかわる種が多い。そこで、細菌が有機物を産出する→有機物に付着し分解する細菌が増殖する→有機物を生成 or 分解する細菌が付着した有機物断片が乾く→乾いた有機物は軽く、大気中に浮遊し、遠くに飛んでいく、という仮説が考えられる。先述したが、微生物の凝集態では、空気に触れる外側の細胞がダメージを請負い、内部の細胞が生きながらえ、環境ストレスに耐えやすいと考えられる。よって、バクテロイデテスのような有機物に凝集する細菌群が、黄砂や乾燥地の大気粒子に優占するのだろう。

細菌種組成の割合で想像が広がりすぎた。分類の一細菌群に着目するのも大切な考察だが、バイオインフォマティクス解析では、微生物群集の全体を試料間で比較できるところに醍醐味がある。試料同士で近縁な配列が多く含まれているほど、微生物群集が似ていると判断をしてくれる（簡単に言うと）。これは〝多変量解析〟という統計学の一手法を応用している。

東アジア一円の試料から得た遺伝子データを、多変量解析すると、図36のようなグラフが得られる。グラフの上で、日本の試料は、「黄砂日」と「非黄砂日（通常時）」で二グループに大別されている（図36）。しかも、黄砂発生源の試料は、「黄砂日」のグループに含まれたので、これら細菌群は発生源から黄砂で日本へ飛来した可能性が高い。しかし、「黄砂日」と「非黄砂日」に分けると、いずれにも属さない試料がある。この試料を採取した場所や時期を検討すると、いずれも煙霧にかかわっている。煙霧の発生地（北京）か煙霧発生時の飛来地の試料である。煙霧にかかわる試料は、新たに「煙霧発生時」というグループを設けなければならない。黄砂と煙霧とでは飛来する細菌種が異なるのだろう。その差異を生む心あたりは、アクチノバクテリア門に属す細菌種である。この細菌は、土壌細菌であるが、バチルスに比べると大気ストレスに弱い。よって、アクチノバクテリアの細菌種は、大陸沿岸の都市部からであれば、近距離の韓国や日本へ煙霧に乗じて運ばれるが、黄砂のように砂漠から長距離飛来する場合は、移動する際に消失するのかもしれない。

ただし、多変量解析による気づきから詳細に考察できるのは、優占種に限られてしまう。もちろん、黄砂と煙霧、非黄砂で非優占種（マイナー種）も異なっていることもわかってくるが、数多あるマイナー種の一種一種を解析する余裕はない。それでも突如、ある種の微生物が有害なので、大気中を浮遊し

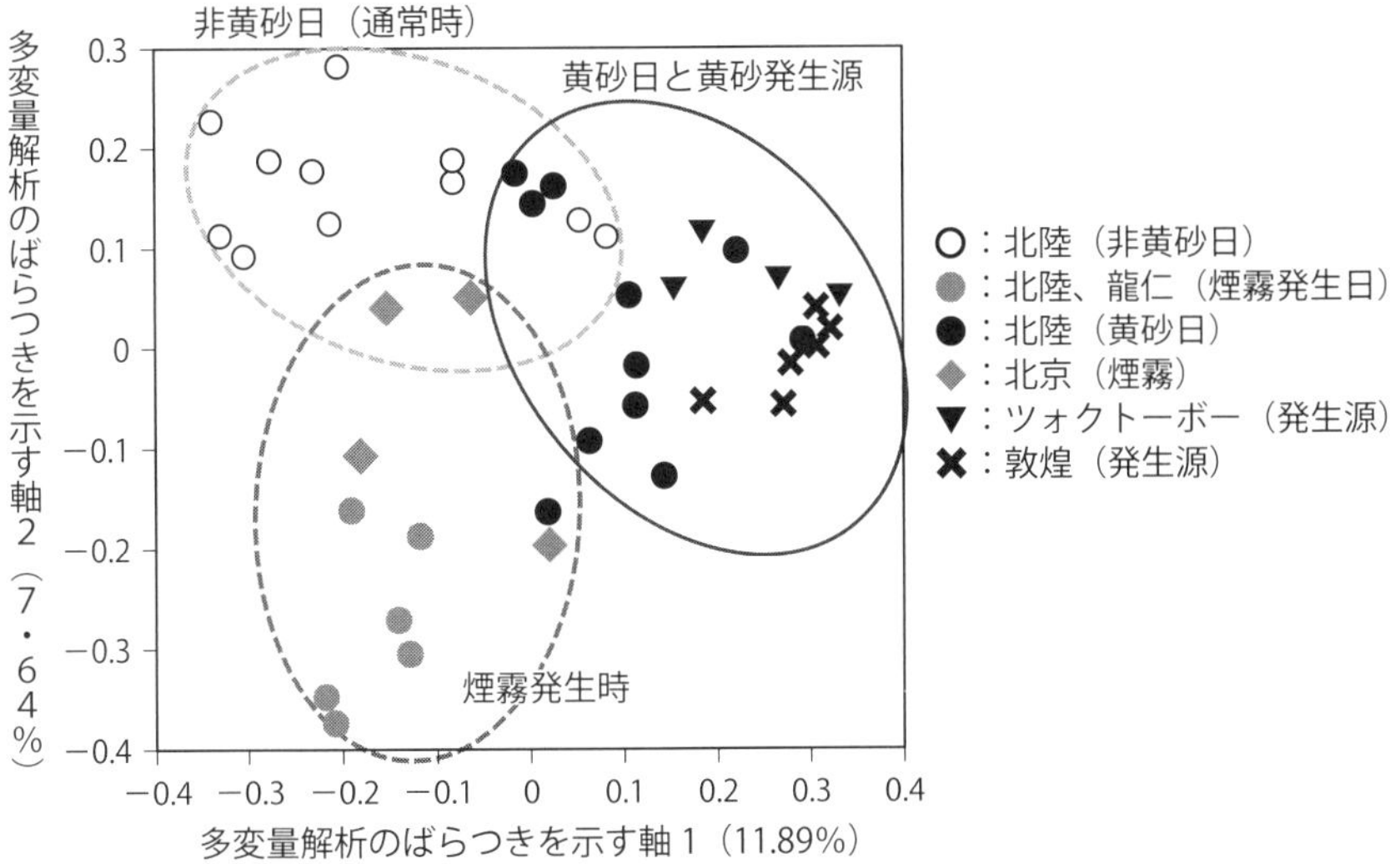

図36　東アジア一円の試料から得た遺伝子データの多変量解析（一部）
大気粒子試料は、「黄砂日（黄砂発生源含む）」と「非黄砂日（通常時）」「煙霧発生時」の三グループに大別された。図中軸の%は、全配列のうち、試料の分布にかかわる配列の割合を示す

ているかを調べてほしいと依頼があり、マイナー種にスポットライトが当たることもある。

バチルス再考

バチルス・サブチリスを含むバチルス属は、環境中ではありふれた細菌群であり、環境微生物の群集構造解析では脇役として扱われがちである。そのありふれたバチルス属の細菌が、バイオエアロゾル研究では、長距離輸送されるかもしれず、主役級として着目される。当たり前の中に新しい世界を見出そうというわけだ。

建築家の安藤忠雄は、建築素材では当

たり前に使われているコンクリートにこだわり、シンプルかつ独創的な建造物を生み出してきた。自由に造形しやすいコンクリートの素材を活かして建てられた建造物に入ると、研ぎ澄まされる感覚になる。おもにコンクリートが基調になっているので、簡素な建造物に差しこむ光は陰影のコントラストを強め、光は変化に富む美しい色彩を醸し出す。さしずめ、環境中でありふれたバチルスは〝コンクリート〟であり、そのバチルスを研究する学者が〝光〟であろうか。バチルスは当たり前の対象であるが、それを対象とする大気研究者は東アジアで広大な観測を展開し、実験手法も試行錯誤し、健康影響から納豆作製と多彩なアウトプットに対応する。バチルスを照らしながら研究者のほうが、目まぐるしく変化しなければならないようである。

しかも安藤の使用するコンクリートは、ただのコンクリートではない。コンクリートの成分は計算しつくされており、固まった後も細かなひび割れもなく、頬をすりつけたいくらいの滑らかさで、極上なのだ。我々の見つけたいバチルスもただのバチルスではなく、黄砂というドラゴンにでもなれる「空飛ぶバチルス」である。単純なものほどきわめれば、そこから浮かび上がってくる像は面白い。

黄砂発生源と飛来地から集まってきた試料から、微生物を分離培養した。〝種の顔〟である16ＳｒＲＮＡ遺伝子で種を同定すると、六割くらいはバチルス属に属す。発生源でも飛来地でも、バチルス・サブチリスに近縁な株が共通して見られ、細菌三六三株のうち二九〇株を占め、〝バチルス・サブチリスグループ〟を系統樹上で形成した。しかし、〝バチルス・サブチリスグループ〟を地域別に分けていくには、16ＳｒＲＮＡ遺伝子による〝種の顔〟の類似だけでなく、さらに出身地までわかるような〝戸籍〟による識別が必要になる。16ＳｒＲＮＡ遺伝子配列は保存性が高いので、〝地域による違い〟の分類には向かない。

そこで、地域別での違いを検証するため、より変異の多い配列（保存性の低い配列）である*gyrA*、*rpoB*、*polC*、*purH*、*groEL*遺伝子を使用した（図37）。これらの配列を使った系統樹の上では、黄砂発生源と飛来地の株がクラスターを形成し、ほかの細菌株と明確に識別できた。例えば、系統樹の上で、黄砂発生源の敦煌《とんこう》株五株が、黄砂飛来地の金沢株二株と珠洲株二株、立山株三株と最も近くなり、日本や中国の既知種とは系統学的に異なった。この敦煌、金沢、珠洲、立山のバチルス・サブチリスは、地域性を示さず、サイトが異なっても共通していたので、黄砂によって運ばれてきた可能性が高い。

黄砂発生源と黄砂飛来地で共通の遺伝子タイプをもつ株は、〝黄砂タイプ〟とみなせる。砂漠の黄砂タイプのバチルス・サブチリスは、東アジアを黄砂が横断するとき、上空で優占し、地上に落ちる。ただし、〝黄砂タイプ〟は、土着のサブチリスより圧倒的に細胞数が少なく、定着できないと想像できる。よく太古の昔から黄砂が飛来しており、すでに東アジア中の環境では、黄砂で運ばれた微生物が混合しているので、黄砂による微生物の長距離輸送は検証できないと言われることがある。だが、砂漠のバチルスは、黄砂に乗って日本に飛来しても、日本土着のバチルスのほうがはるかに多く、砂漠バチルスの

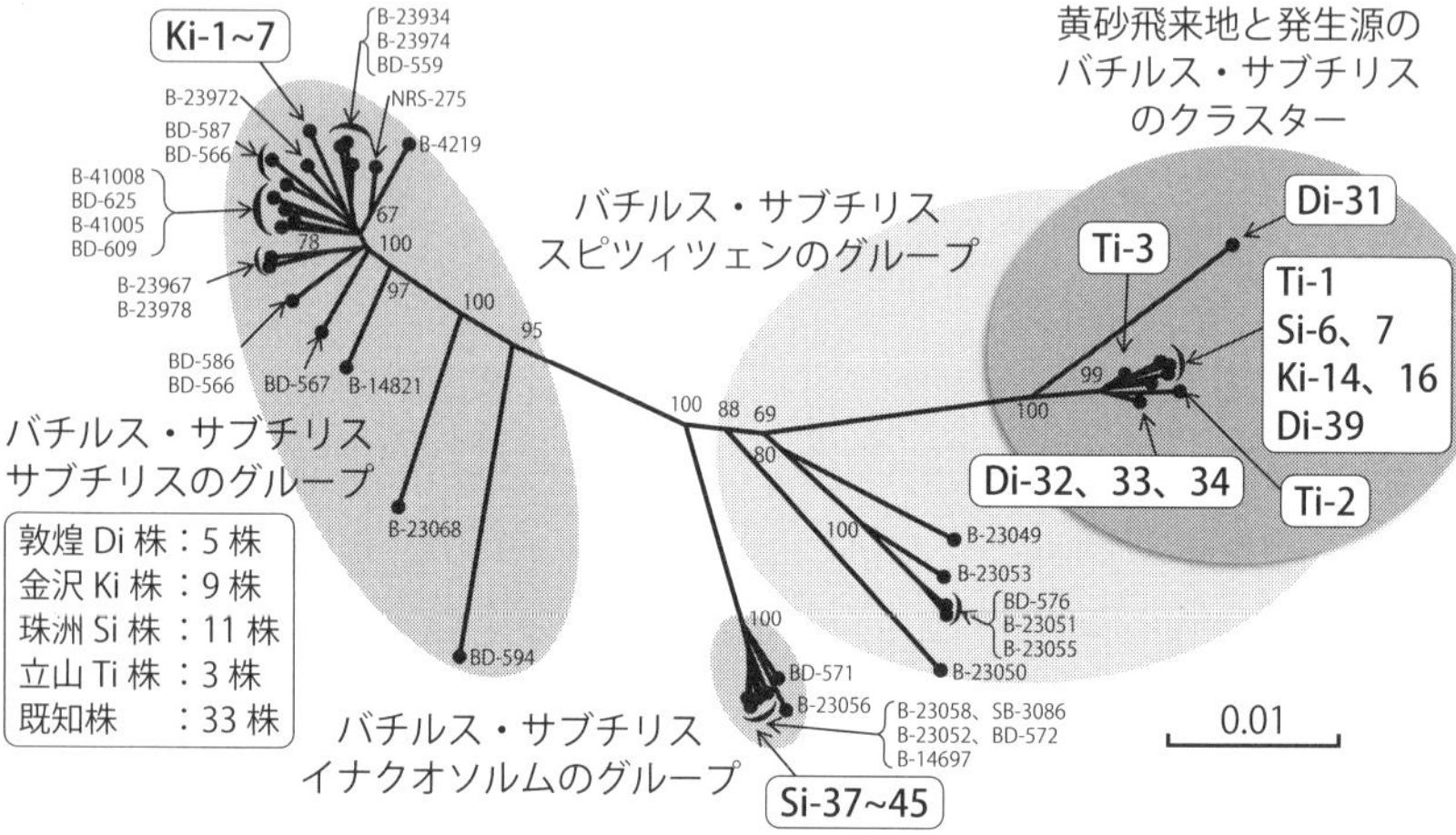

図37　大気粒子から分離したバチルス・サブチリス株の解像度の高い系統分類解析

砂発生源（Di株）と飛来地（Ki株、Si株、Ti株）のバチルス・サブチリス株の保存性の低い遺伝子（*gyr*A、*rpo*B、*pol*C、*pur*H、*gro*EL遺伝子）配列を使って系統解析したところ、一つのクラスターを形成し、既知の株とは異なる遺伝子タイプとなった。長距離輸送の証拠の一つとなる

遺伝タイプは簡単には定着しないように思える。常に、砂漠バチルスの遺伝子タイプが更新され、黄砂で東アジアに供給されている可能性もある。すると、砂漠のバチルスが、黄砂のたびに東アジア上空を覆うものの、その遺伝タイプは日本のバチルスとは異なっていることになる。東アジアの大気中に分布する微生物の遺伝タイプを調べれば、砂漠の微生物が日本の上空にまで飛来できるかは検証できよう。

黄砂が発生すると、黄砂とともにバチルスが中国から日本にかけて漂っていることになる。しかも、同じ遺伝子タイプのバチルスが、大河のようにつながり、まるで一つの生命体を成し、東アジアを

図38　黄砂と煙霧の微生物ドラゴン
黄砂および煙霧によって運ばれやすい特定の微生物種は大気中で同一の遺伝子タイプをもっているかもしれない。そんな微生物の集合体をドラゴンにたとえた

覆っているかのようである。まさに黄砂とともに飛翔するドラゴンといったところか。煙霧は煙霧で運ばれる微生物が異なる可能性を先に述べた。すると、黄砂や煙霧や、その他の越境エアロゾルの数だけドラゴンが東アジアを天翔けているのではないかと勝手に想像が広がっていく（図38）。考えるな！　感じろ！

7 カビとキノコの森林バイオエアロゾル

ナウシカの世界が実在

アニメ映画「風の谷のナウシカ」では、大きな戦争の後に、腐海と呼ばれる菌類の森が広がるようになり、腐海の菌類は猛毒の瘴気《しょうき》を気中に放ち、瘴気を吸引した人を死に至らしめる。幼少のころ私は、この映画の大きな戦争とは核戦争で、その後、放射線汚染が広がり、瘴気は〝放射線物質を吸った菌類の胞子〟ではないかとイメージしていた。そんな勝手なイメージが、実環境において再現されるのを目の当たりにした。

二〇一一年三月一一日、巨大地震で生じた津波によって、福島第一原子力発電所は損壊し、その爆発とともに放射性セシウムが、大気中に放散され、森林、川、町、農耕地などの人や動植物の生活環境を汚染した。年月とともに空気中の放射性セシウムは減り、今では、人体に影響しないレベルに落ち着いている。しかし、森林内外の空気中では放射性セシウムが完全にゼロになることはなく、気中濃度が増減する。一度、地面に落ちた放射性セシウムを、何らかの粒子（担体）が空気中へと舞い上げ再飛散させているのだ。気象学者の五十嵐康人《やすひと》（京都大学、もと気象庁気象研究所）は、この〝再飛散〟に強い興味をもち、放射性セシウムを再飛散させる担体を探索していた。エアロゾル研究の定石に従い、砂や土などの無機物粒子に疑いを向け、飛散量の多い花粉なども調べたが、セシウムの再飛散に関する手がかりは得られない。最後の頼みの綱として、バイオエアロゾルが担体となっている可能性に託して、専門で研究している私の研究室の扉を叩いたのだ。

福島県の森林で採取された大気粒子のサンプルが届くと、早速蛍光顕微鏡で観察した。大学院時代から「ともかく、見る」が信条になっているが、見ることで的確に標的を捉えたのはこの時がはじめてである。これまで砂漠や上空の大気粒子ばかりを観察していたため、はじめて視野に映る森林の粒子は異様であり、特に目についた粒子が犯人だと思惟がささやいた。森林の試料には、大きい球形、丸い影がついたソーセージ形、ボウリングのピンのような形状などなど、砂漠の試料には見られない奇妙な物体が視野にひしめきあっていた（図39）。カビやキノコといった真菌を培養して観察したこともあり、これが真菌の〝胞子〟や〝細胞断片〟であるとすぐに判断できた。それにしても乾燥地に比べると、森林は空気までが生命にあふれている。この結論を五十嵐に知らせると、彼自身が撮りためてきた森林大気

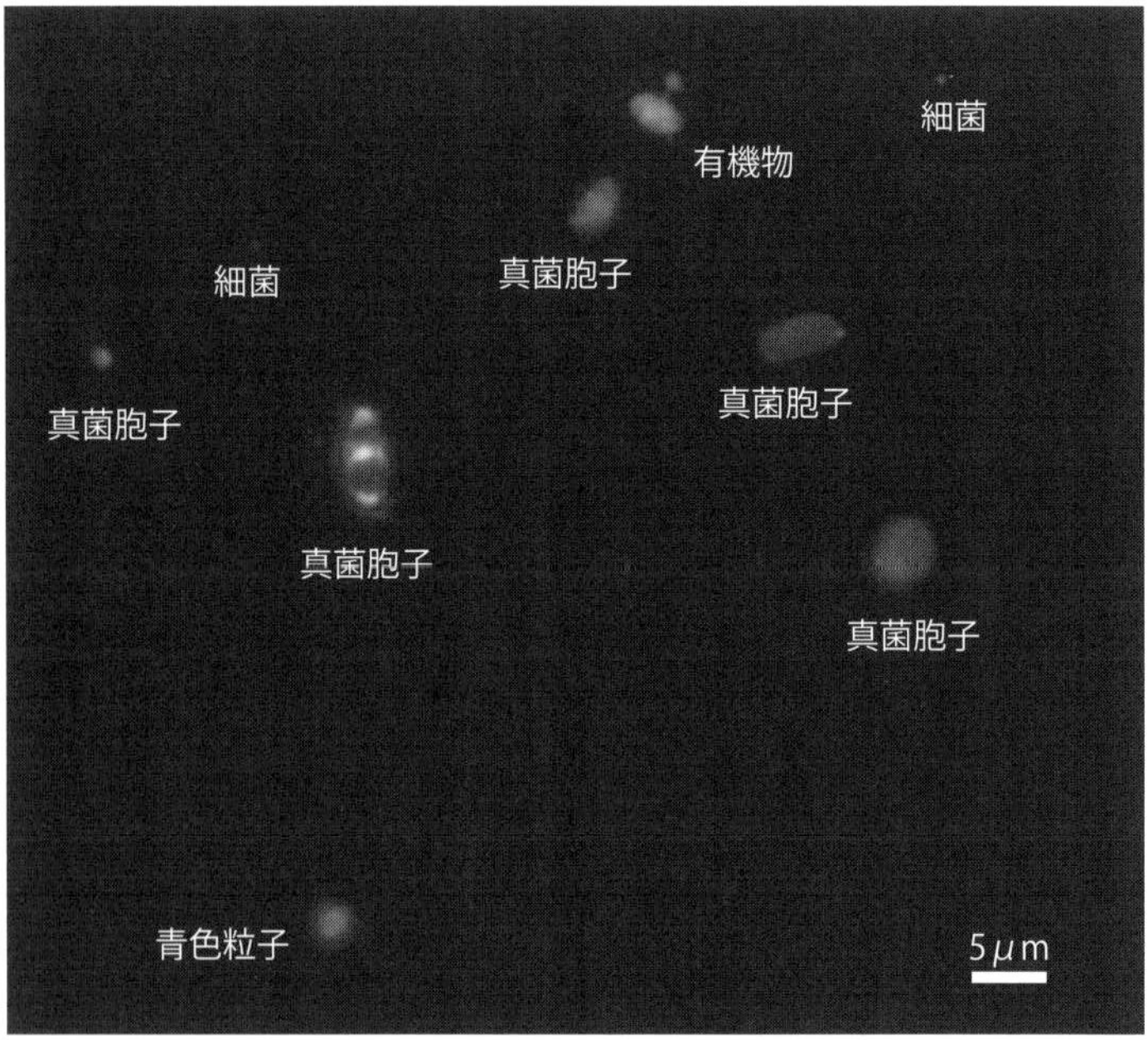

図39　森林地帯で採取した大気粒子の蛍光顕微鏡写真
福島県浪江町の森林地帯においてバイオエアロゾルを採取し、DAPI染色した後に蛍光顕微鏡で観察すると、多数の真菌胞子が見られた（Igarashi et al. 2019）

粒子の電子顕微鏡写真にも、多くの真菌の胞子が認められ、共通の結論に至った。

　その後、試料に含まれる真菌胞子を、顕微鏡下でていねいに観察しながら計数し、森林内を浮遊する真菌胞子の粒子密度を求めてみた。すると、胞子の粒子密度が増大するのに併せ、放射性セシウムの気中濃度も明確に増えることがわかった。キノコが森林で育ち、放射性セシウムを蓄えた胞子を大気中に放出しているのであろう。

「風の谷のナウシカ」では、菌類が瘴気を放出し、その瘴気を肺に取りこんだ人間は咳きこみ死に至ってしまう。ただ今回、福島で飛びかっているキノコの胞子に含まれる放射性セシウムは、人畜無害と言ってよい放射線量なので心配はいらない。現実はアニメより奇なりでなくてよかったと思った瞬間である。

キノコは面白い

大量に胞子を放出しバイオエアロゾルになりやすいキノコを考えると、ツチグリが思い浮かぶ。ツチグリはキノコの一種で、クリの実が上に向いた状態で土に埋もれているように見える（図40）。そのクリの部分を少し押すと、先から胞子が煙のようにモヤモヤと立ち上る。さらに棒などで叩くと、火事が起きたように胞子の煙が立ちこめる。砂塵嵐ならぬ胞子嵐である。ツチグリのほかに、ホコリタケなどもおまんじゅうのような子実体をもち、胞子の煙をモヤモヤと巻き上げる。森林でのバイオエアロゾルの主役は、このモヤモヤ系の胞子に決定のように思える。しかし、モヤモヤ系の胞子は、ショックを与えないと飛び出さないので、バイオエアロゾルとして飛ぶのは一時に限られるだろう。

バイオエアロゾルとして恒常的に飛散しやすいのは、粛々と胞子を出しつづけ、胞子の風送で生息域を広げるキノコである。卵状の体からひょっこりと赤い顔をのぞかせ子実体を広げるタマゴタケは、日本の森林であればいたるところに生えており、胞子を漂わせている様子は写真などでも確認できる（図

図40　国立科学博物館筑波実験植物園で観察されるキノコ
左：ツチグリは、クリのような部分にふれると煙のように胞子を出す
右：タマゴタケは、胞子を恒常的に放出し、風で運ばれるにまかせる
撮影：保坂健太郎

40）。そのほかにも、ヒラタケやイグチなども森の中の常連であり、モヤモヤ系のツチグリほどインパクトはないが、軽やかに胞子を漂わせている。

ツチグリは、外から力が加わると多量の胞子を出す。動物が踏んだ衝撃で胞子を飛ばし、動物の体に付着して新たな生息場所に運ばれるのをねらっている。タマゴタケなどの軽やかに胞子を漂わせるキノコは、胞子の運搬は風まかせなのである。しかし、森林の中では常に風が吹いているわけではなく、風が必ずしも胞子を放出させるスイッチになっているわけでない。実際に、無風状態であってもキノコの胞子は放出されつづけている。風がないときは、どのようにして胞子を放出しているのだろうか。じつは、湿度が高くなると、キノコと胞子を結んでいる接続部が水を吸って膨らみ、その膨張によってバランスを崩した胞子と接続部が切れ、胞子がシステマティックに飛ばされるのである。湿度が高いと、必然的に胞子が落ちた先の土壌も湿り気が多く、胞子が菌糸を伸ばしやすい状態が整っているという塩梅である。

　高湿度で放出された胞子は、風に乗って生息域を広げる旅に出る。森林内の風というと、温度差による空気の対流が基本で、この微風だと密度が低く、小さいサイズの胞子が運ばれやすくなる。一方、多くのキノコは宿主となる樹木が必要であり、その胞子の運搬先も宿主植物が生息する範囲内にとどまる。よって、多くのキノコの胞子はよく飛んでも、宿主植物の生息範囲にとどまると言われている。ただし、上空から採取した大気粒子からは、キノコ由来のDNAが頻繁に検出されるので、キノコの胞子は森林外まで放出されていると判断できる。このような理論を無視した〝はぐれ胞子〟が、もしかすると森林が消失したりした場所で子孫を残す、大切な役割を果たしている可能性がある。

　人間社会でも〝はぐれ者〟は、継続的な社会を育むうえでも、大切なんだろうと思える。実際、ダーウィンの進化論でも、決して優れた個体が生き残るのではなく、ほかと異なっていても、変化した新しい環境に合致した個体がたまたま生き残るのである。はぐれ者に水の合う世界がきたら、あるいは水の合う世界に移ったなら、はぐれ者も英雄になる可能性がある。

　話はずれたが、普通の環境でははぐれ者は少数派であり、大気中には大衆バイオエアロゾルと呼ぶべき真菌がいる。それは、残念ながら目で愛でるキノコではなく、室内掃除の際に除去すべき忌まわしきカビである。風呂場の壁などによく見られる黒いカビで、クロカビやクロスカビなどと言われている。これらの黒いカビは、風呂場でも扉でも壁でも電灯の裏側でも、食べ物の上にでもどこにでもはびこり、目につく。

この壁に生えるようなカビは宿主を必要としないため、胞子をどこに飛ばしても、生息範囲を広げることができる。だから、大気中から検出される真菌の多くはカビ系であり、その種類も限られ、クラドスポリウム、アルテルナリア、ペニシリウム、アスペルギルスなど、いつも同じメンツで面白みに欠ける。しかし、地上でこの四グループが検出されても当たり前であるが、上空数百メートルや数千メートルから見つかると、風呂場の友であるカビはどこまで飛んでいくのかと、ある種感嘆の念を抱く。まさにバイオエアロゾルの〝真菌四天王〟である。ただ、彼ら（彼女ら。カビは接合するが性はない！）は、事情があって胞子をやたらと飛ばすように思える。これら真菌四天王は分離培養して寒天培地の上で増殖させるのだが、新しい培地に移す植え継ぎを怠ると、三週間くらいで増殖能力を失ってしまう。

こんな永遠に菌糸を伸ばしそうな単純なカビであるが、〝死〟があるのだ。もしかすると、菌糸を伸ばし、一定の時間がくると、それ以上増殖できず、胞子を次の新しい環境にばら撒かないと、子孫（種）を存続できないのかもしれない。風呂場の友はしぶといのではなく、必死に胞子をバラまき、あらゆる場所で増殖し、健気に生きつづけているのだろう。

雲をつくる微生物

放射性セシウムを再飛散させる犯人捜しは一段落つき、五十嵐の関連の研究プロジェクトも終盤を迎え、福島の森林観測地を撤収する段取りが話に出るようになった。観測地には、粒子濃度や温湿度を測定する機器、粒子の採取装置の種々が野外に設置されており、それをメンテナンスするには人出もお金も必要である。観測を継続してきた愛着ある観測地であっても、研究目的がなくなれば撤収も仕方がない。しかし、五十嵐もすっかりキノコの胞子に魅了され、バイオエアロジストになっていたし、私も彼との仕事が刺激的だったこともあり、森林の観測地を撤収するには忍びなく思うようになっていた。特に、生命あふれる森林からの真菌胞子の放出量は衝撃的であったため、森林でもう少し観測したかった。それでも、ただ続行したいという感傷だけで研究費がつくほど甘くないのが、今の日本の科学界である。

五十嵐の研究対象は放射性物質だったので、雨、雪、台風、日照りなど気象に直結する研究のほうが王道である気象庁気象研究所では異色の存在だった。そこで、五十嵐も本流に寄り添う形で、〝雲をつくる微生物〟である氷核活性微生物に着目した。大気中の水蒸気を集める核となり、氷雲《こおりぐも》をつくる微生物を氷核活性微生物と言う。森林内外に漂うバイオエアロゾル量が多いのであれば、森林から氷雲の核になる微生物も多数放出されているのではないだろうかと予想した。雲形成にかかわる研究なので、気象研究所も無碍《むげ》にはできないだろうし、何より、森林の観測サイトを維持できる予算がつくかもしれない。私は五十嵐の執念に惹かれ、この方向転換に乗った。

ただ、気候変動の観点からのバイオエアロゾル研究は国際的にはすすんでおり、アメリカのコロラド大学やアメリカ航空宇宙局（NASA）、フランスの国立農業・食料・環境研究所、ドイツのマックス・プランク研究所など、世界有数の研究機関が研究を先行させていた。アメリカの研究グループは、飛行機観測を使って氷雲から有機物粒子を直接採取し、生物由来の粒子が従来想像されていた以上に大気中を漂っていることを報告した。フランスの植物学者は、植物表面や土壌から分離された微生物で強い氷核活性を確認した。また、高度数千メートルの山岳にも数百種の微生物種が浮遊しており、その生存も確認されたため、微生物が実大気で〝氷晶核（氷核活性をもつ粒子）〟として働いている可能性も高まっている。日本でも氷核活性微生物に関連する研究はあるにはあったが、こうした海外の研究者が確立した技術や観測サイトを使いながらすすめられていた。高度な先行技術を携えた名だたる研究機関と競争してもかなわないというのが本音であった。

先述したが、空気中で水蒸気が高密度になり飽和するだけでは、雲は形成されない。水蒸気が集まって雲がつくられるには、〝核〟となる粒子が必要となる。雲の形成温度で、雲は二つに大別される。零度以上で形成される〝暖かい雲〟と零度より下の氷点下で形成される〝冷たい雲〟である。暖かい雲のほうでは、無機物である海塩や鉱物粒子は水となじみやすく、水蒸気も集め核として働く。しかも、海からくる海塩や砂地から舞い上がりやすい鉱物粒子は、大気中でも多く存在するので、物量的にも暖かい雲をつくる主役級の核となる。一方、冷たい雲は氷雲とも呼ばれ、気温マイナス五度以下で核のまわりに水蒸気が集まりはじめ、氷粒子が形成されていく（図41）。氷雲をつくる核のことを氷晶核と言い、

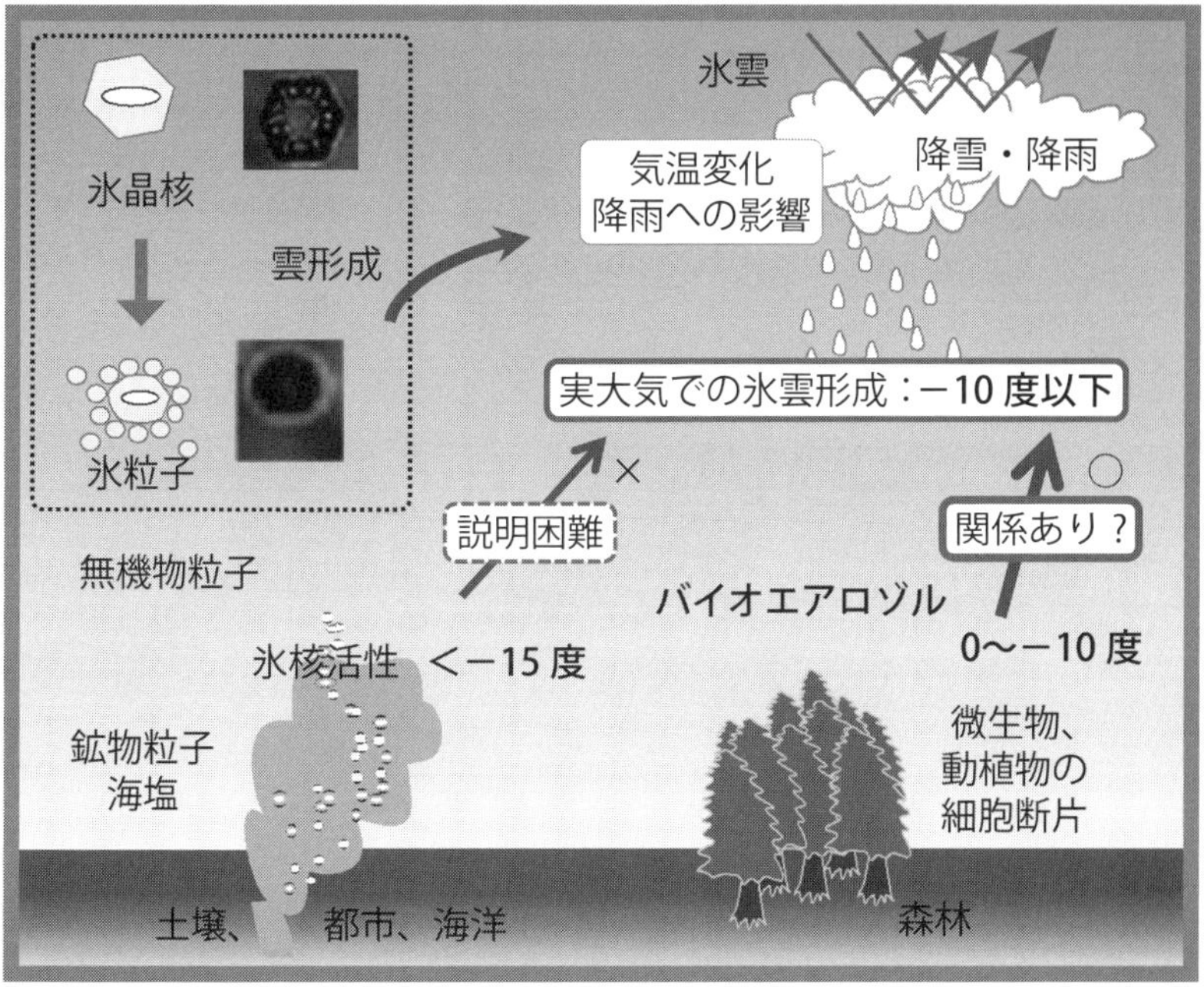

図41　バイオエアロゾルを氷晶核とした雲形成過程

氷雲は、気温マイナス５度以下で“氷晶核”のまわりに水蒸気が集まり氷粒子が形成される。海塩や鉱物などの無機物粒子だと、氷粒子が生じる温度がマイナス15度以下になるので、実大気で働く氷晶核のすべてを網羅できない。有機物粒子であるバイオエアロゾルだと、零度以下で氷核活性を示す微生物が分離されており、大気中で氷晶核として働いている可能性がある

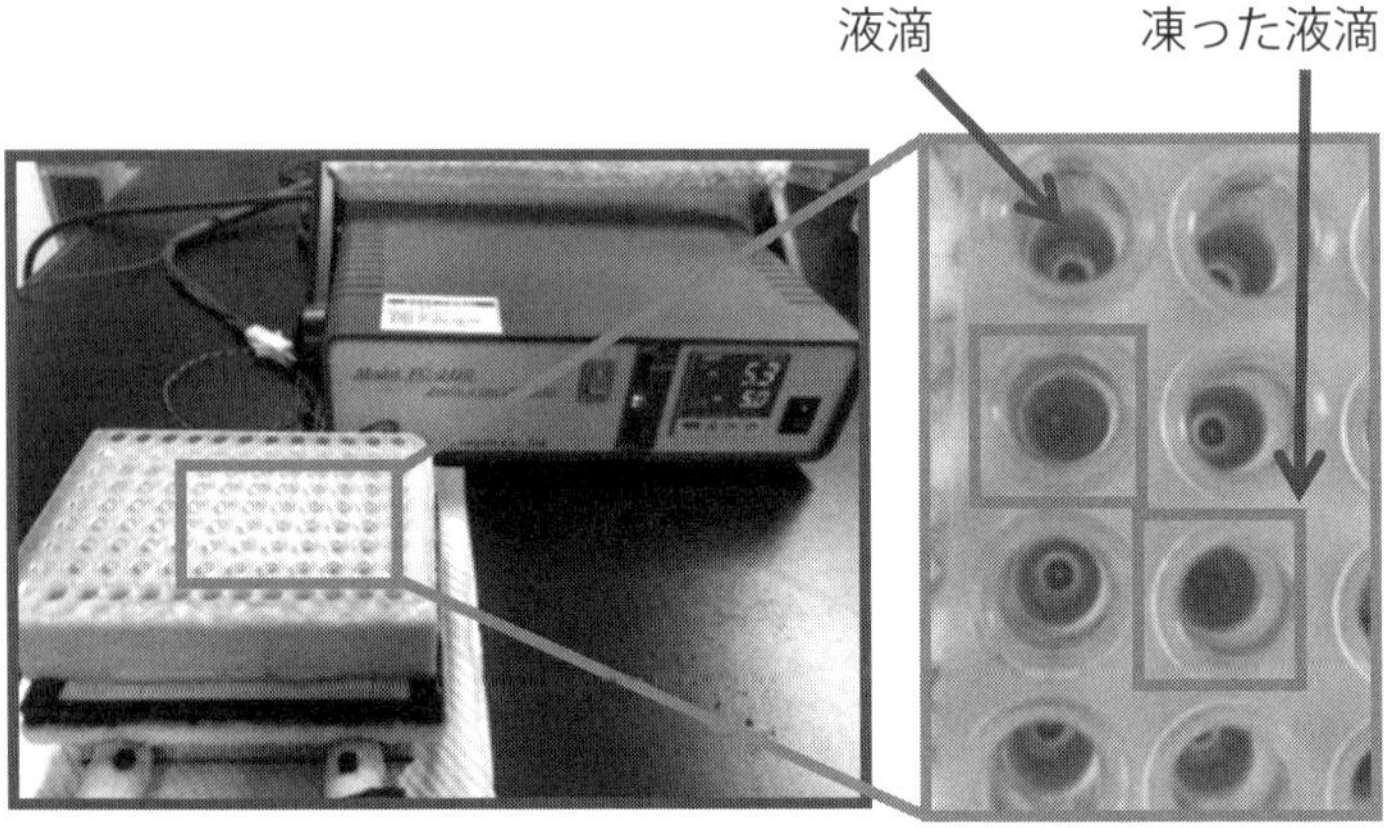

図42　分離株を使った小滴凍結実験法
微生物細胞を懸濁させた液滴が高温で凍結するほど、氷核活性が高いとみなす

零度に近い高い温度で機能するほど氷核活性が高いと評価する。しかし、海塩や鉱物などの無機物粒子だと、氷粒子が生じる温度がマイナス一五度以下になるので、実大気で働く氷晶核のすべてを網羅できていない。実大気の高い温度領域（マイナス五度からマイナス一五度）で氷粒子をつくる氷晶核を定める必要がある。よって、氷晶核の粒子密度は、雲形成を予測するうえでの不確定因子となっている。そこで、無機物だけでなく、有機物粒子であるバイオエアロゾルなどについても、氷核活性が調べられるようになったのだ。

大気粒子がもつ氷核活性を調べるのは、難しそうに思われるかもしれないが、〝小滴凍結実験法〟を使うと意外に簡単で単純である（図42）。粒子を懸濁させた液滴をコールドプレート（冷却可能なアルミ製ブロック）上で冷やしていき、液滴が凍結しはじめる温度が高い粒子ほど氷核活性機能が高いとみなす。純水のみの液滴だとマイナス二〇度程度から凍りはじめ（水に不純物が含まれていると、水は零度で凍る）、鉱物粒子を懸濁させた液滴ではマイナス一五度程度で凍り活性が高まる。これに対し、植物表面や土壌から分離した微生物の細胞の場合、シュードモナス・シリンジ（細菌）やフザリウム・アキュミナトゥム（真菌）などの特定種では、比較的高い温度（零度からマイナス五度以上）で液滴が凍りはじめる。よって、微生物の氷核活性は氷雲が生じだすマイナス五度を説明するのに合致し、実大気で機能する氷核の有力な候補となっている。

氷核活性の高い微生物の多くは植物細胞を氷で破壊し、植物体内に入りこみ、病害枯死を引き起こす感染菌である。感染菌は、枯死した植物から気中へと放出され、上空で雲を形成し、再び降雪降雨とともに地上に戻り、新しい植物体へと生息域を広げているように思える。微生物にとって、雲も生態系の一つなのかもしれない。

森林から飛び立つ微生物へ

欧米で先行するバイオエアロゾル研究では、蛍光測定装置を使って大気中の微生物量を測り、その時の大気で形成される雲量と比較することで、雲の形成過程を議論していた。この蛍光測定装置は欧米で開発され、大気微生物の粒子数を自動測定してくれるが、微生物の種類まではわからないという弱点がある。そこで、遺伝子レベルで微生物種を解析してきた私の研究チームには、わずかながらアドバンテージがあった。

また、欧米と日本では気候がかなり異なるため、欧米の観測で得られた知見を、そのまま鵜呑みにして日本の気象現象に適用できるとは思えず、日本の風土で観測を行えば、独自の成果が得られるのではないかと考えた。先述したが、中尾佐助は東アジアの植生の特性に気づき、〝照葉樹林文化論〟を唱え、東アジアの照葉樹林地域に独特の共通文化を見出した。もしかすると、東アジア一円の雲形成は、森林植生やそこに生息する微生物の違いによって異なり、日本から中国にかけ独自の雲形成の仕組みが見出されるかもしれない。実際、欧米の森林地帯を散歩してみると、日本に比べると乾燥しており、砂埃は立つものの植物の匂いが希薄な気がした。アメリカ西海岸の森林で大気粒子を採取しDNAを染色してみても、粒子の染色状態が悪く、日本の森林に比べ微生物量が一桁少ない。また、欧米の研究では、降雨が乾いた地面や葉っぱを叩き、そこに付着した微生物を放散させるので、降雨の後に微生物量が大気中に増えるとする報告が多い。日本に比べて乾燥しがちな欧米では、乾燥し微生物が希薄なところに急に降水があり、乾いた地面や葉っぱに凝集していた微生物粒子が急激に降雨で叩き出され、降水前後で大気微生物の量が明瞭にオン／オフするのかもしれない。この点、湿潤で雨も多い日本の森林では、降水の影響も異なってくるだろうし、四季が明瞭で落葉した前後の森林では様子が違うのではないだろうか。

どんな微生物が森林から高所まで舞い上がるのかを調べるには、発生源の森林に生息する真菌の種類を押さえていると重要な情報源となる。茨城県にある国立科学博物館筑波実験植物園には実験観察用の森林があり、キノコの専門家である保坂健太郎が、キノコや植物の分布を高頻度で（一～二週間に一度）調査し、その種類や生息量を通年でリスト化している。保坂は、この植物園に生えているキノコであれば名前とその特徴を即答し、夕食の食材に使用できるかもこっそりと教えてくれる。だから、この森林の上空五〇〇メートルを浮遊する真菌粒子を捉え、その種が判別できれば、森林のどこが発生源か判断できる。海外では広大な森林地帯で大規模な飛行機観測が実施されているが、筑波のこぢんまりした森林の観測サイトでは、小回りのきくヘリコプターを使用した。ヘリコプターによって高所で採取した粒子を、森の地上付近（林床）や建物屋上（樹冠）と比較すれば、森林内から上空へと放出される微生物を特定できる（図43）。

森林での観測を開始し、いつもどおり、ヘリコプターで採取した大気粒子の試料を蛍光顕微鏡で観察した。早速、科学の女神が微笑んだ。球体から糸が二本上下に生えたモヤシのような〝糸状物体〟が、高高度、樹冠、林床の三つの試料から共通して見られたのだ。長さは一〇マイクロメートルくらいで、砂漠や海岸線の大気粒子だと、大きくても五マイクロメートルくらいなので、上空を浮遊する粒子としては大きい。おそらく真菌の体の一部か、真菌の胞子から発芽した〝菌糸〟が舞い上がったのだろう（図44）。

図43　森林内外の三高度で大気粒子を捕集するサンプリング
上左：筑波実験植物園の森林部分に陽光が差し、桂の甘い匂いが漂う
上右：雨よけつきジャッカル式サンプラーにフィルターホルダーを装着している
下左：林床では虫がフィルター内に侵入することがあるが、雨よけがあると不思議と侵入を防げる
下中：樹冠上の試料は、建物屋上の高度20mでサンプリングを行う
下右：もう少し低く森林に近い高度が好ましいが、低空下限の500mの粒子をヘリコプターで採取する

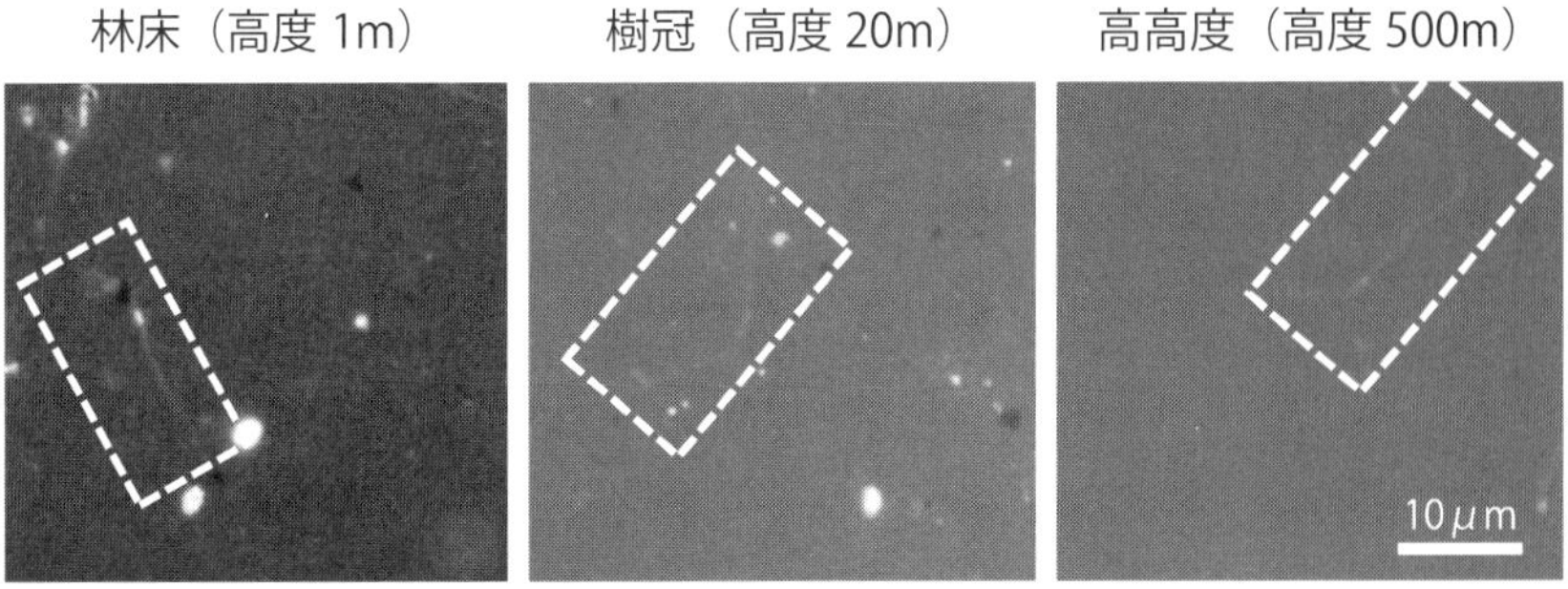

図44　森林内外の三高度のエアロゾルに含まれる蛍光染色粒子

球体から糸が二本上下に生えたモヤシのような“糸状物体（白点線内）”が、高高度、林床、樹冠の三つの試料から共通して見られた

森林に浮遊する微生物の種類を調べたところ、高高度、樹冠、林床の三高度の試料から得た環境ゲノムからは、キノコ由来のDNA断片が検出され、キノコの胞子か菌糸が上空にまで漂っているのは確からしい。しかし、三高度でキノコの種類はバラバラで、共通の種類はほとんど含まれていなかった（図45）。やはり、キノコの胞子は飛散しているものの、種類も多様で希薄なため、高高度まで舞い上がっていたとしても、三高度で共通した種を見つけるのは難しいようだ。一方、カビ類であるクラドスポリウムは、三高度に共通していた。観測地の林床からクラドスポリウムが上空に舞い上がったかは定かでないが、このカビは遠方にまで飛散していそうである。

　環境ゲノムの解析では試料中のDNA情報だけなので、検出された菌種の生死はわからない。さらには、真菌の属や科レベルの分類指標になる18S rRNA遺伝子しか解読していないので、生理機能は近縁種から推測するのみである。特に、氷核活性を有する種と同種であっても活性がない場合もあるため、

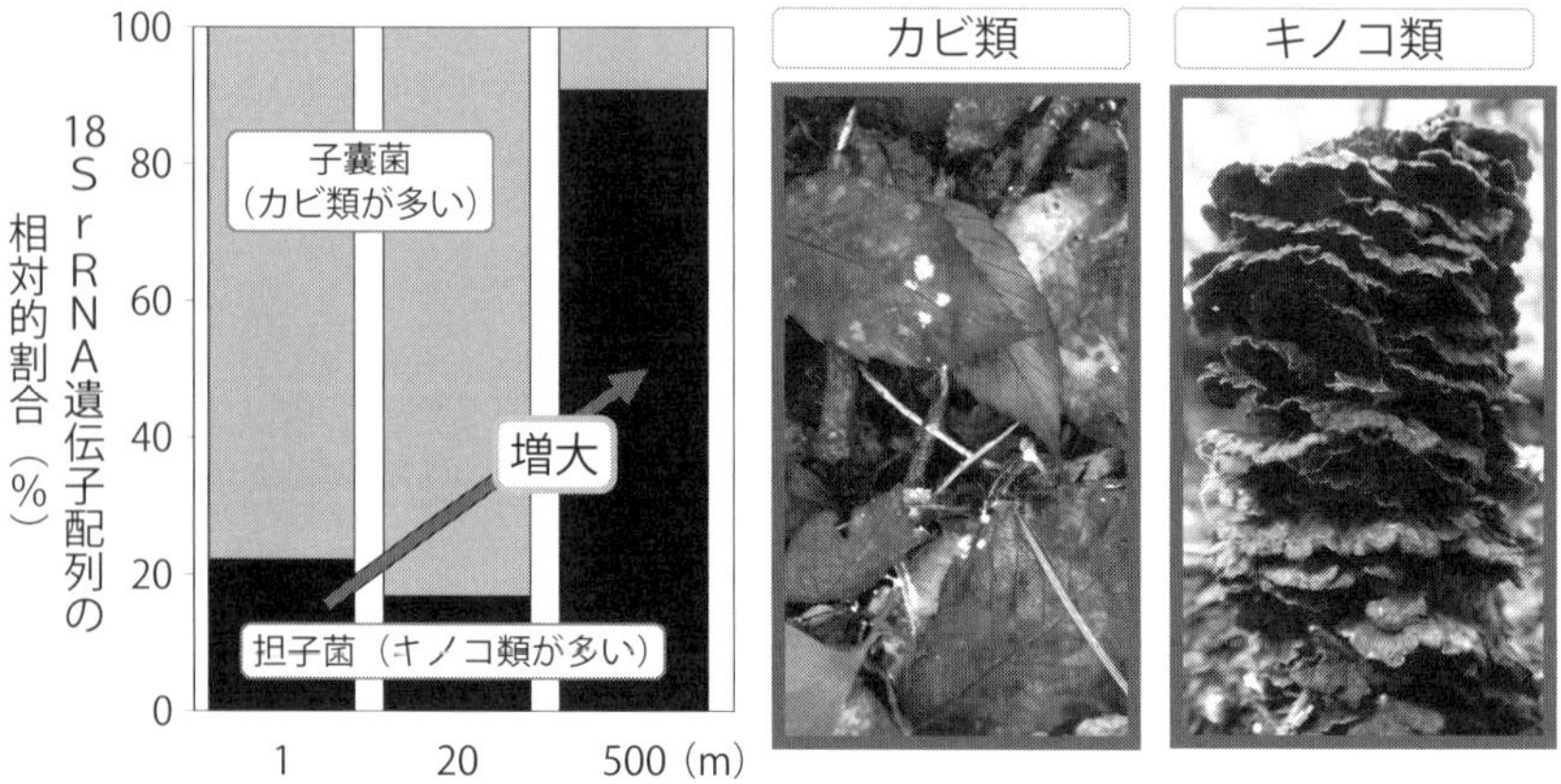

図45　筑波実験植物園に浮遊する真菌の群集構造の垂直分布

左：2018年６月28日に採取した大気粒子に含まれる担子菌の割合は、高度が高くなると増えた。特に、担子菌に含まれるキノコ類が多くなった

中：カビ類は葉の上や朽木の表面によく見られる

右：大気中からは、木の幹からヒダヒダの状態で生えているキノコ類がよく検出される

培養株を使った氷核活性の検証は必須になる。

そこで微生物を分離培養したところ、森林を漂うバイオエアロゾルだけあって、大気粒子から約二〇種の真菌と細菌が五〇株以上という多くの株が分離培養された。砂漠だと一度の大気粒子試料から分離されるのは数種なので、森林にはいかに多様な微生物が生きて飛んでいるかということがよくわかる。分離株の種は、腐植土壌あるいは葉上に生息する微生物と近縁になったため、森林内を起源としていそうだ。

分離株の氷核活性を小滴凍結実験で検証してみた。すると、フザリウム属とシュードモナス属の二株で、マイナス五度から液滴が凍結しはじめた（図46）。森林や砂漠などで分離されるほかの株では、マイナス一二度程度

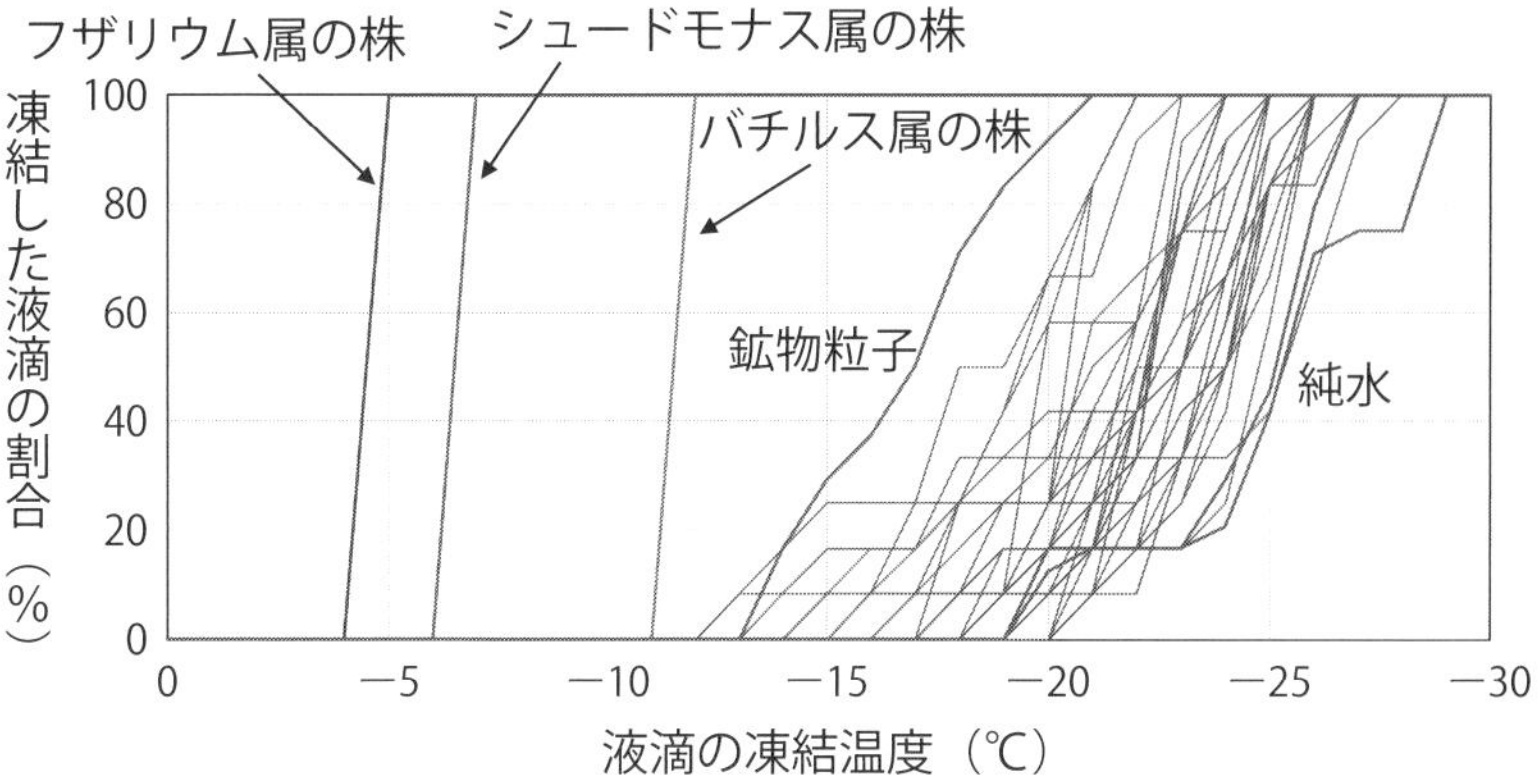

図46　分離株を使った小滴凍結実験
筑波実験植物園の大気粒子からはマイナス５度から液滴を凍結させる微生物が分離培養された

から凍りはじめるのが大部分だったので、タイムレコードならぬ温度レコードの更新になる。しかも、フザリウム属の株は上空五〇〇メートルの大気粒子試料から分離された株なので、森林の上空には強い氷核活性菌が生きて漂っていることを示す。

ただし、環境微生物の大部分（全体の九〇パーセント以上）は、培養できないため、実大気では、未培養の微生物群が氷晶核として働いている可能性も無視できない。氷核活性細菌の代表格であるシュードモナス・シリンジでは、水の結晶化を促すタンパク質の構造もそれをコードする遺伝子配列も特定されている。今後は、環境ゲノムに含まれる機能遺伝子を使って、微生物の氷核活性機能そのものを解析できれば、微生物の種を飛び越え、分子レベルで雲形成プロセスの理解がすすむかもしれない。

ラーメン物質の正体

小滴凍結実験法は粒子の氷核活性を手軽に調べられるが、液体に粒子を懸濁して調べるので、もちろん実大気の状態とは大きく異なる。液中に懸濁された状態から空中に浮かんだ状態になっても、粒子が本当にまわりの水蒸気を集め、氷粒子を形成するかというと心許ない。そこで、粒子をエアロゾル（粒子が大気に浮遊した状態）化し、実際の大気状態で氷核活性を調べ、雲が形成される過程も明らかにしたい。それを実験的に検証できるのが〝雲生成チェンバー〟である。

雲生成チェンバーは、直径三メートル、高さ七メートルの金属密閉容器の中で疑似的な大気環境をつくり、エアロゾル化した粒子を封入して雲が形成される程度や過程を調べる装置である。このチェンバーの中に、大気粒子から分離した微生物株の細胞を入れ、その雲形成を確認できれば、実大気でも氷晶核として働いている可能性が高まる。

そこで、二〇一四年六月二三日に高度二五〇〇メートルの大気粒子から分離した真菌株を使用した。高高度を浮遊していた微生物で氷核活性が確認されたほうが雲形成にかかわっている可能性も高まるからだ。チェンバーには真菌の培養液をネブライザー（プラモデル塗装用のカラースプレー）を使って噴霧することで、エアロゾル化した。使用した真菌細胞は、培養液中では白い糸状の塊になって浮遊しているが、液をふって混ぜると、白い毛は簡単にバラバラになり、液が白濁する。そのため、ネブライザーで噴霧しても目づまりもせず、エアロゾル化しやすい。雲生成チェンバー内に懸濁液を噴霧すると、チェンバー内の浮遊粒子は増大した。しかし、使用した真菌細胞の氷核活性は弱く、生じた氷粒子もわずかだった。この真菌は、小滴凍結実験法ではマイナス一〇度で氷粒子が形成されたので期待していたが、擬似大気では結果が異なる一例となってしまった。

予想どおりの結果が得られなかったときは、実験過程を再検証するのも重要である。この場合、真菌株の細胞がエアロゾル化されても、チェンバーの下にすぐに落ちた可能性もある。そこで、噴霧した粒子を採取して、蛍光顕微鏡で観察して確認してみた。すると、思わぬ発見があった。以前見た記憶のある、細長い粒子が視野に広がっていた。二〇一三年三月一九日の能登上空に大量にひしめきあっていた〝ラーメン物質〟ではないか（図47）。今回使用した真菌が分離されたのも、三月一九日と同じ大気粒子からである。ラーメン物質は真菌の細胞断片だったのであろう。ラーメン物質は、細菌の桿状《かんじょう》細胞を伸ばしたように見えたので、細菌かと思いこんでおり、真菌は盲点であった。その後、チェンバー実験に使った真菌株は日本の山地に生息するレキソホラ属のキノコの一種であることが判明した。大気粒子の環境ゲノム解析は細菌にしぼっていたのだが、真菌も解析してみると、レキソホラ属に近縁なＤＮＡ断片が確認された。おそらく、山野で増殖した真菌が何らかの作用で分解され、その断片が大気中を舞っていたのであろう。雲生成チェンバーで高い氷核活性を実証できなかったが、珍現象が思わぬ形で解

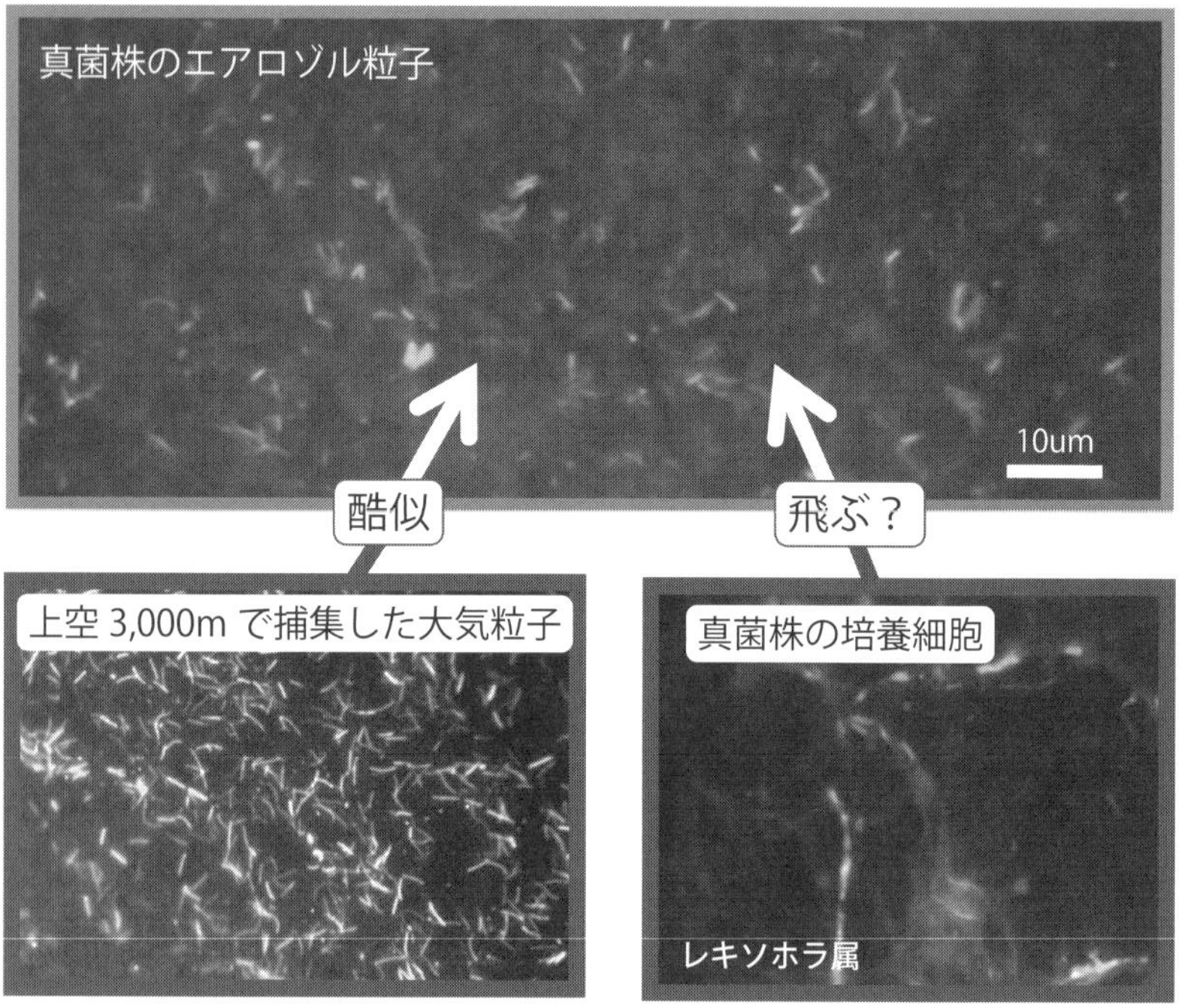

図47　ラーメン物質と真菌細胞のエアロゾル化
上　：真菌株を気中に噴霧すると、糸状の粒子が多数見られた
下左：能登上空の大気中には糸状の粒子が多数浮遊しており、ラーメン物質と名づけてしまった
下右：真菌株は長い糸状細胞だが、攪拌すると断片化しやすい

き明かされた瞬間である。

しかし、未だ謎は残る。どのように分解され、どのように大量に大気中に放出されたのだろうか。その後もラーメン物質が能登半島の上空で検出されていることは述べた。だが、三月一九日の試料に含まれる密度は過剰であった。これだけの生物量が舞い上がるくらいに、能登半島の山々には起源となる真菌が膨大に繁茂している真菌王国があるのかもしれない。

8 シン・バイオエアロゾル研究

黄昏のバイオエアロゾル研究

バイオエアロゾル研究が始まり、一〇年ほどが経ち、能登半島での観測に陰りが生じはじめた。バイオエアロゾル研究に声をかけてくれた岩坂泰信が定年を迎えて金沢大学を去り、次いで小林史尚が新天地を求め弘前大学へと旅立った。しかも、金沢大学で私が所属する組織で大規模な組織改変が行われ、共同で観測していた先生とも疎遠になった。さらには、組織改変の中で、研究テーマを変えないと大学に居づらい雰囲気になった。私の研究組織では化学実験で研究成果をあげる教員が主であり、野外調査をして出張の多い教員は異質だったのだろう。すぐにバイオエアロゾル研究の続行を認めてくれる理想郷を探す必要があった。

しかし、理想郷がそう簡単に見つかるわけはない。焦りばかりが募り、ストレスがたまった。そんな私を見かねてか、私が指導する学生がボクシングを一緒にしませんかと誘ってくれた。普通なら怖くて断るところだったが、ストレスから逃れるため、学生と一緒にボクシングで汗を流すことにした。まずは、ジャブから学び、ストレートを伝授され、体力増強のため、ロープ（縄跳び）もこなした。まったく研究とは異なるが通ずる部分もある。スムーズなパンチを打つには、闇雲に力をこめて腕をふるうのではなく、拳が早く前にすすむように、その進行を妨げる筋肉の動きを抑制し、前にすすむ筋肉のみを使うのだ。研究していると、幾通りもの研究手法が候補にあがり、無数のデータが得られ、数多の考察が頭を過《よぎ》るが、その中から真実に近い道筋を選ぶ必要がある。じつは、選ぶのではなく、むだなものをそぎ落とせば、真実が見えてくる。消去法なのだ。黄砂と一緒に無数の微生物が飛んでくるが、多くは発生源と飛来地で一致せず、一致したバチルスが色濃く浮上してくる。

ボクシングの練習場には、時々、社会人の経験者がきて指導してくれる。その中に松野数人《かずと》がいた。彼は近畿大学の出身者で、大学時代ボクシング部に所属し、後に世界チャンピオンになったような選手とも拳をまじえていた、かなりの実力者である。にもかかわらず、温厚で、私のような素人にも温かく接してくれた。また、人を褒めるのもうまく、当時四〇代半ばの私を実業団の試合に出るように誘導し、まんまと私は試合に出ることになった。相手は、国体出場経験者でまったく歯が立つわけがない。試合前にまごつく私であったが、計量した後に松野は何を思ったか、マクドナルドのメガマックを持ってやってきて、「牧さん、メガマック食べて、メガパンチですよ」と差し出すではないか。思わず笑って緊張がほぐれ、メガマックをいただいた。当然、試合本番でメガパンチは出るわけもなく完敗を喫したが、何と気持ちよい日だったのだろうと松野には感謝した。

ちょうどそのころ、近畿大学で教員を公募しているという情報を得た。微生物学と分析化学を教えられることが条件だという。幸い私は両方に精通していたため、かなりの追い風だ。何より、近畿大学の公募と聞いて松野の顔が浮かんだ。あんな枠にはまらない人物が学生にいて、そんな学生相手に講義したり、研究したりしたらどうだろうか。メガパンチならぬメガ研究ができて楽しそうではないか。ただ、一般的に国立に比べ、私立は雑用が多く大変だと聞く。思い悩みはしたが、金沢大学での追いつめられた状況と、松野を育ててくれた近畿大学の魅力を天秤にかけると、近畿大学の募集に応募しないと後悔するように思われた。私の業績や経験が公募の条件にも合致し、順調に審査がすすみ、赴任後の教員が集う公聴会に臨むことになった。公聴会に集まった教員たちは、松野が醸し出していた朗らかな雰囲気を放っており、異色の研究であっても受け入れてくれそうな温かい気配を感じることができた。何もかもが変わり、かなり冒険に思えたが、私は二〇二〇年春に近畿大学に異動した。

都市部におけるヒトへの健康影響

電車で奈良県から大阪府に向かっているとき、県境を越えたあたりで目の前に立っていた男の子が母親に、「お母さん大阪の匂いがしてきた」と声をかけた。そんな匂いはあるのだろうか。私はバイオエアロゾルの研究を始めてから、意識の奥底にしまわれていたこの疑問が頭を過《よぎ》る機会が増えた。私は、大阪の匂いを感じるほうである。奈良の山や田んぼが途絶え、その山野が発する成分の匂いがなくなり、交通量や工場、ビル街が増え、人的活動で出される成分が大阪の匂いになったのかもしれない。とりわけ鶴橋駅の匂いは焼き肉が原因で特別だ。そのころ住んでいた奈良県の橿原から京都の祖父母の家に遊びに行くときも、京都の匂いを感じた。これは西陣織の染料の匂いだと思う。今は西陣織の工場も減り、染料の匂いが拡散するのも管理されているだろうから、この京都の匂いは記憶にとどまるのみである。

匂いは、匂い成分である粒子が鼻に入りこみ、鼻の粘膜に付着することで引き起こされる。この匂いとバイオエアロゾルは強い関係にあると思う。例えば、雨が降った後には、土の上の成分が大気中を漂い、雨の匂いになる。これは土壌に含まれるゲオスミンがおもな原因であり、土壌微生物が生成する有機物である。山に行くと山らしい匂いがするが、樹木から放散されるテルペンなどが強く関与しているのだろう。もし桂の樹が茂る山に入れば、甘い匂いが漂う。

ちなみに、日本海側の石川県では黄砂の匂いも感じられる。黄砂が飛来する少し前になると、細かな砂の焼けた香ばしい乾いた匂いがしてくる。これは中国でよく嗅ぐ匂いなので、黄砂そのものというより、中国の乾燥した匂いかもしれない。ただ、大阪では、この黄砂の匂いを嗅ぐ機会は少なくなった。

日本海側から日本本土の上空を飛来して大阪に至る間に、山野のエアロゾルと混合し、日本の湿潤な大気の影響を受け、成分や水分量が変わってしまうからであろうか。あるいは、大阪には大阪の匂いがあるなら、大阪に特有の匂い成分が漂っており、黄砂の匂いをかき消しているのかもしれない。ともかく、濃い黄砂がきても、大阪では中国の乾いた匂いがあまりしない。黄砂の匂いが、移動の途中に弱まったのか、大阪の匂いにかき消されたのか気になる。せっかく大阪に研究室をもったのだから、大阪に漂う特有の匂い成分を特定しつつ、大阪にくる黄砂を調べるのも面白いかなと思うようになった。

ただ、都市部で観測を始めるのは、感覚的な匂いへの直感だけが理由ではなく、ヒトへの健康影響にかかわる問題を孕《はら》んでいたからである。これまで黄砂と煙霧とともに運ばれる微生物を調べてきたところ、砂漠からくる黄砂に比べると、大気汚染を含む煙霧には、アクチノバクテリア門の細菌が優占する傾向にあり、中国の都市部（北京）の空気からも優占して検出されることは前に述べた。しかも、大阪の大気粒子からもアクチノバクテリア門の細菌が、バチルスに比べ、多く分離培養されてくるではないか。

こうした煙霧に特異な菌相をおぼろげに考えていたところ、結核予防会結核研究所の御手洗《みたらい》聡と森本耕三から、〝非結核性抗酸菌症〟が煙霧によって広がっているかもしれないという情報を得た。非結核性抗酸菌症を引き起こすマイコバクテリウム（*Mycobacterium*）属の種は、都市部で優占するアクチノバクテリア門に属し、呼吸器系の感染症状を発症し、肺に炎症を起こさせる。今では、この非結核性抗酸

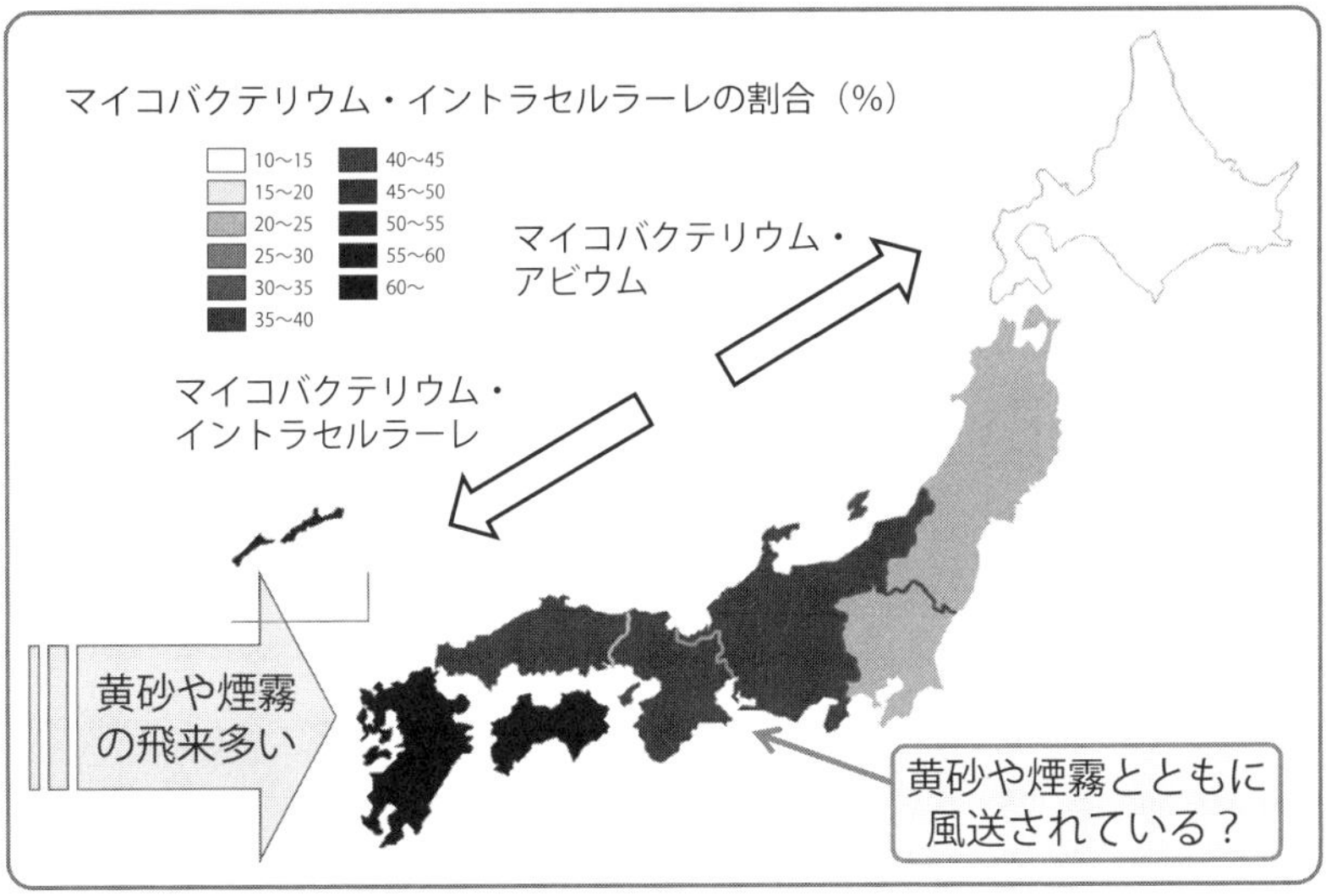

図48　非結核性抗酸菌症の原因菌の分布

非結核性抗酸菌であるマイコバクテリウム・イントラセルラーレによる肺MAC症は日本の西側に集中し、野外で頻繁に検出される。一方、マイコバクテリウム・アビウムは東日本に分布する。イントラセルラーレは、煙霧を介して西日本に空気感染していると考えられる（Morimoto et al. 2017）

菌症の患者数は、結核を超える勢いで増えている。この肺の炎症はマイコバクテリウムの名にちなんで肺MAC（肺非結核性抗酸菌症）と呼ばれる。おもな非結核性抗酸菌にはマイコバクテリウム・アビウム（以後、アビウム）とマイコバクテリウム・イントラセルラーレ（以後、イントラセルラーレ）の二種がある。イントラセルラーレによる肺MAC症は、アビウムに比べると関西から九州地方の日本の西側に集中し、アビウムが浴室などの家庭環境に生息するのに対し、イントラセルラーレは野外で頻繁に検出される（図48）。中国大陸では、イントラセルラーレがおもな原因となって肺MAC症が広がっている。したがって、肺MAC症の原因となるイントラセルラーレは、煙霧を介して西日本を中心に空気感染していると考えられるようになった。

先に述べたとおり、立山積雪には黄砂や煙霧などの大気粒子が保存されており、その蓄積した粒子を春先に採取し、粒子に含まれる微生物を調べることで、越境輸送される微生物種を特定してきた。そのデータを見直したところ、マイコバクテリウム属のDNA断片が、煙霧を含む粒子で特異的に増える傾向が確認された。また、バイオエアロゾルの擬似大気実験で定評のある能田《のうだ》淳《じゅん》（酪農学園大学）は、大気微生物が煙霧に含まれるススに付着して気中を漂うと、微生物が受ける紫外線や乾燥の大気ストレスが軽減されることを実証した。空飛ぶ箱船効果である。したがって、肺MAC症の原因菌の一部が、煙霧によって長距離輸送されるとする証拠が集まりつつあると言ってよい。

一方、黄砂や煙霧で拡散する感染症は、肺MAC症だけではない。川崎病や麦サビ病などの原因菌が黄砂によって拡散することが、疫学的調査によって報告されていることはすでに述べた。発生頻度の高い感染症については、大気を介した感染伝播の可能性も重点的に調べられ、感染過程についても必然的に情報量が増える。しかし、発生頻度が低い感染症については、感染経路の情報が不足しがちであり、大気粒子を介した感染拡散があっても見落とされやすい。砂漠の町では、部屋の中の砂を綺麗に外に掃き出し、床を拭き掃除して、部屋の戸と窓をしっかり閉めておいても、どこからともなく砂が入ってくる。日本は、気中を舞う砂こそ少ないが、さまざまな大気粒子が漂っており、黄砂や煙霧が生じると砂やススの粒子量も増える。日本であってもやはり家屋には気づかないうちに、外気の粒子が埃として忍びこんでいるのは確実である。この埃に、どの程度、感染菌がまぎれこめるのかを考えておくことは大事だろう。

だから、黄砂や煙霧飛来時に優占する大気微生物の性質を踏まえ、都市部に至るまでの拡散経路を推定し、その健康被害を推測しておくのは意味があるかもしれない。黄砂飛来時に頻繁に優占するバチルス属の細菌種は、芽胞を形成し、温度変化、乾燥、紫外線にきわめて強い耐性をもち、大気中でも生残する。一般的に、バチルス属には、食中毒菌（バチルス・セリウス）や炭疽菌（バチルス・アンスラシス）などの毒性の強い感染菌が分類される。さらに、結核菌やジフテリア菌、レジオネラ菌、黄色ブドウ球菌など有害種に近縁な核酸塩基配列も、黄砂から検出されている。今のところ、毒性の強い分離株は得られていないが、これらの感染菌がパンデミックを引き起こせば、広範囲に拡散されるかもしれない。

したがって、有害・無害にかかわらず、都市部の空気中を浮遊する微生物が、どのように移動し、ヒトの生活圏に入りこんでいくか、という〝潜在的拡散〟のメカニズムを理解しておくことは、予期せぬ病原体によるパンデミックへの備えになる。そこで、人口密集地である大阪において、微生物の潜在的拡散を調べる研究に着手した。

しかし、新しい大阪の研究室では、まわりに共同研究者も少なく、ここでもアルパインスタイル観測のヘリコプターが功を奏す。

都市部を飛びかう微生物

ベトナム戦争を描いた映画『地獄の黙示録』では、整然と編成をなすヘリコプターが、朝焼けの中、襲撃地点に向かう。戦場で旋回性の高いヘリコプターは、機体の下に船を吊るして空輸し、森林地帯に急降下して仲間を助け（結局、爆破されるが）、と非常に使い勝手がよい。ビル街があり、旅客機の制空権下にある都市部において、高所の大気粒子を採取するには、やはりヘリコプターの利便性は高い。水平翼の飛行機は、数千メートル上空を悠々と直線的に飛行していくのに対し、ヘリコプターは低空を多方面に飛びかい、時には一定高度を旋回する。ヘリコプターは、低空飛行が可能で、わずかな空き地があれば離着陸できるため、地上圏に密接した乗り物にすら思える。そのため、ある程度の規模の都市ならどこかにヘリポートがあり、都市部や名所の上空を遊覧するサービスを行っている。近畿大学の近郊にも、車で三〇分行ったところに八尾空港があり、ヘリコプターを研究で利用させてくれる航空会社を見つけることができた。

大阪湾を望む大阪平野は、沿岸部に広大な工業地帯を構え、内陸部を生駒《いこま》山や金剛《こんごう》山、六甲《ろっこう》山などの山々に囲まれ、山の切れ目の北に向かって、京都まで至る淀川沿いの狭い平地を有している。海風が吹くと、海洋の大気が流れこみ、山地に阻まれ汚染大気が都市部に滞留する。一方、山風が吹くと、山地由来の大気粒子を含む気塊が流入し、汚染大気と入れ替わる。中国大陸からの黄砂や煙霧は、九州、山陰、北陸方面の北西から移入し、海、山、都市環境に由来する大阪ローカルな大気粒子と混合する。

多様な環境に由来する大阪の大気微生物群は移り変わりやすく、その健康影響を調べておくことは、人口密集地にすむ人一人ひとりの公衆衛生管理にもつながる。さらに、都市環境を取り巻く外気は、地上付近だと居住区周辺、商業エリア周辺、道路、公園などで含まれる粒子の種類が異なるため、局所的に浮遊する微生物群も違ってくる。こうした局在する微生物群も上空に上がると混合され、平均化される。よって、この上空で平均化された微生物の種類を調べれば、都市部を浮遊する代表的な微生物群を理解することになるだろう。

そこで、大阪上空を浮遊する微生物を採取するため、ヘリコプターを飛ばし、初観測を行った。大都市での飛行は経験がなかったので、ビルや家屋、網の目のような道路が途切れることなく一面に広がっているさまは圧巻であった。すでに、ヘリコプター観測の詳細は、能登半島での観測の節で述べたので、ここでは、ヘリコプター観測の情景を私の心情とともに記述してみよう。

……ブルンブルンブルンブルンブルンブルンブルン（ヘリコプターのローター音）

近畿大学の上空を浮遊する微生物を捉えるため、東大阪上空三〇〇メートルをヘリコプターで旋回した。私は、二〇二〇年八月三一日、クマゼミも鳴き声をひそめるほどの酷暑の中、ヘリコプターに搭乗し、はじめて東大阪の大空をめぐった。ロビンソン社のR44ヘリコプターは、世界中に普及している四人乗りの旋回性に富んだ名機だ。近畿大学上空を三〇分間旋回しサンプリングするには、R44ヘリコプターしかないだろう。眼下には、通い慣れたドラッグストアが米粒のように見える。ドラッグストアで買ったミネラルウォーターは、私の体の中を何本通り過ぎたことだろう。今も、暑い機体の中で、そのミネラルウォーターが私の皮膚を湿らせている。人体からの汚染を防ぐため全身を覆っているナイロン製の服（繊維が飛びにくい）の下はフィンランド人も逃げ出すくらいのサウナ状態だ。

眼下のドラッグストアは小さいものの、まだ目に見えるだけ大したものだ。私がヘリコプターで捉えようとしている獲物は、小さく、目にも見えないときている。今、ヘリコプター搭載用のバイオエアロゾルサンプラーで外気の大気粒子をフィルター上にエアポンプで吸引捕集しているが、本当に私はサンプリングに成功しているのだろうか。微生物を、バイオエアロゾルを捉えられているのだろうか。五年間愛用している粒子自動測定装置（ＯＰＣ）の値が、一立方メートルあたり一〇〇〇億個ほどの総粒子濃度でヘリコプターの中でいたずらに揺れ動く。何らかの粒子が飛んでいることを示す値ではある。しかし、その粒子密度は高いとは言えない。

そして大学にサンプルを持ち帰ると、そんな不安は吹き飛んだ。試料をＤＡＰＩ染色し、蛍光顕微鏡

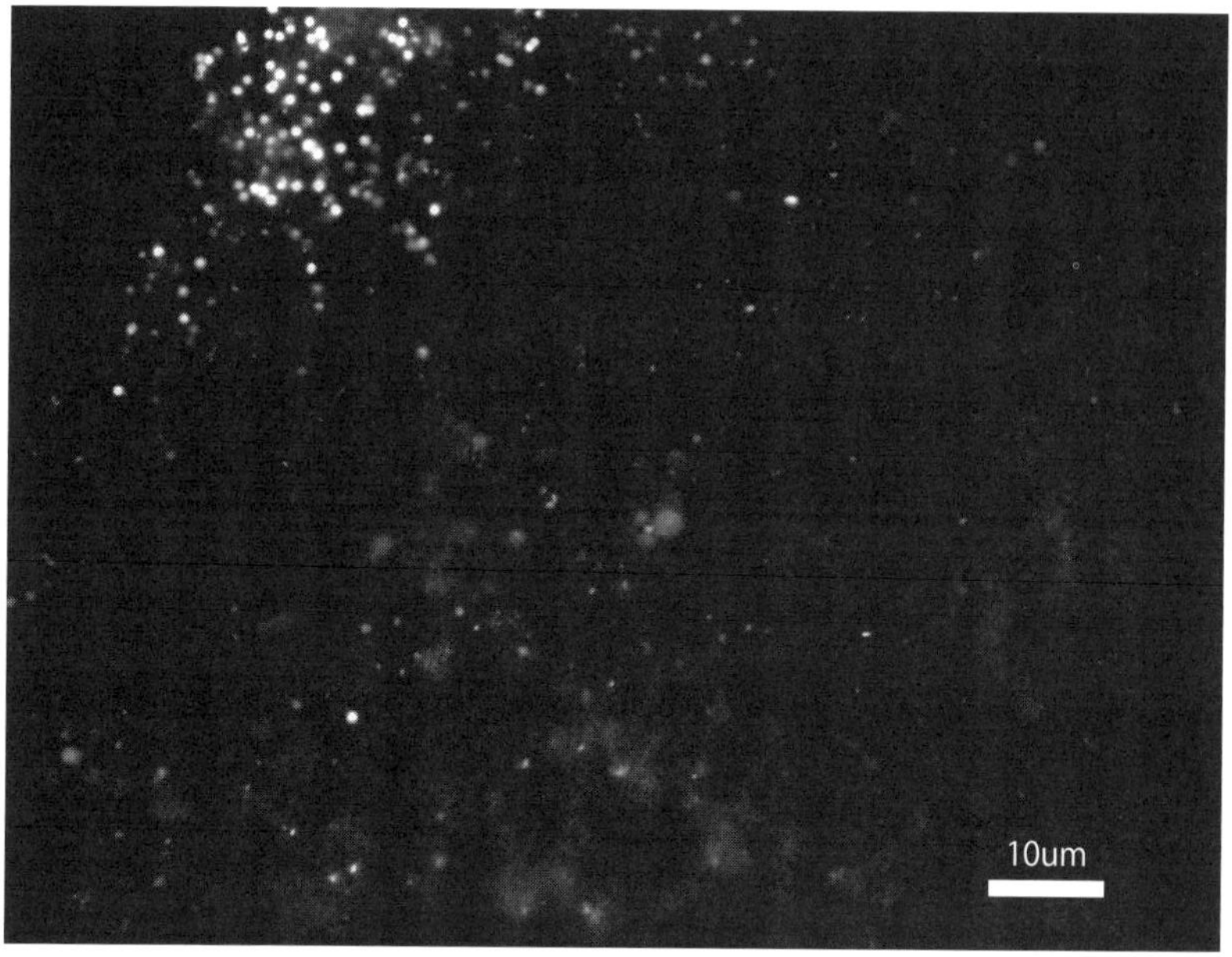

図49　大阪上空で観察された海ぶどう状粒子

で観察すると、一立方メートルあたり一〇〇億個以上の無数の青い粒子が確認でき、微生物の存在が確信に変わった（図49）。さらに、大豆抽出液でつくった培地に粒子を接種すると、真菌や細菌がさまざまな形態のコロニーを形成するではないか。微生物は生きていると言える。みんな生きている！

いつもどおり微生物の〝種の顔〟とも言える分類指標遺伝子の配列を調べてみると、分離株は真菌のクラドスポリウム属と細菌のバチルス属であることがわかった。大気粒子からの分離株で優占しやすい種であり、能登や筑波でも頻繁に分離される。しかし、能登や筑波で分離した株でクラドスポリウム属に属すのは三割程度だったが、大阪では六割を超えていた。しかも、クラドスポリウム属の種は、大阪の上空だけでなく地上の大気粒子からも分離できた。この真菌は大阪一円を高度三〇〇メートルにまで普遍的に拡散しているのではないだろうか。すでに述べたが、クラドスポリウム属に属す真菌は、喘息やアレルギーを誘発するカビの代表格である。市瀬孝道に動物実験で生体への影響を評価してもらうと、クラドスポリウム属の分離菌株で生体アレルギーの誘発が確認された。人口密集地である大阪を浮遊するバイオエアロゾルの健康影響を解明していくためのハシゴはかかったようである。

一方、大阪のヘリコプター観測で、これまで分離されたことのないケカビの一種が見つかった。能登でも筑波の上空でも分離されておらず、分類学的には門レベルではじめての株である。これまでの大気観測で分離された真菌株は、子嚢菌門と担子菌門のどちらかに属したが、ケカビはどちらにも属さず接合菌門に入る。しかも、ケカビの酵素はチーズを固めるのに頻用されている。今回の分離株はチーズを固める種とは異なったが、チーズをつくれるケカビが得られ、〝そらチーズ〟ができる日がくるかもしれない。日本にも、〝蘇《そ》〟という古代の幻のチーズが存在した。蘇は牛乳の固形成分を取り出し固めただけという説が有力なので、必ずしも微生物発酵を必要としないが、少なくとも牛乳を固めて食べていたのは確かである。その中には、微生物発酵させたチーズもあったかもしれない。もしかすると、チーズ発酵文化もバイオエアロゾルが拡散した可能性もなきにしもあらずだ。

ほかにも、先述のとおり、魚醤やいしりの発酵にかかわる細菌種も大気中から検出されている。発酵食品には、食材を静置し発酵させる過程が欠かせず、その静置する過程で外気からさまざまな微生物が混入するのは避けられなかっただろう。大気から混入した微生物が、発酵そのものや旨味成分の熟成を促し、発酵食に欠かせない種菌になったとしても不思議ではない。バイオエアロゾルが発酵文化の形成に一役買っており、特に微生物を拡散させる黄砂が発酵文化にかかわってきた可能性は高まる。中尾佐助の〝照葉樹林文化論〟に倣い、〝黄砂バイオエアロゾル文化論〟を提案してもよい日がくるかもしれない。大阪に来て、夢はどんどん広がってきた。

大阪のバイオエアロゾルの匂いは格別だ。

バイオエアロゾルは洞窟の色を変えるのか？

大阪では、ヘリコプターを使ったアルパインスタイル観測が増えた。大阪に異動する前から、私と一、二名の学生とで採取した大気粒子を使って自ら実験をこなし、得られた生データをもとに、なるべく一次情報にふれながら論文などにまとめ研究発表してきた。この少人数で実施できる研究スタイルは、講義や会議などで時間がない中でやりくりして研究を進捗できる最適解である。続ければ、今後も研究成果をあげられ、新しい解析方法を導入すれば、成果の質向上も望めるだろう。しかし、この研究スタイルに〝違和感〟を感じるようになっていた。いや、〝つまらなさ〟と言ってもいいかもしれない。これまで影を見ていたのが、その影を投影する本体を見たかのような〝つまらなさ〟である。

プラトンの『国家』には、洞窟のイデアが出てくる。炎で照らされた洞窟の壁があり、炎と壁の間に人や牛の形をした紙を置くと、壁には人や牛の影が映る。〝映る影〟は我々の目に見えるものであり、〝置かれた紙〟は物事の真実であるとする。私は、研究成果からわかってくる〝真実〟が、炎と壁の間に置かれた紙であると信じてやってきた。しかし、いつの間にか、〝研究成果〟という影（幻影）を追い求めるようになり、研究に従事した末に〝自身の研究スタイル〟こそが、その紙ではないかと感じるようになっていた。研究スタイルの変化によって研究成果は揺れ動く。洞窟のイデアに対する私の勝手な思いであるが、影の本体である紙を見ているより、人や牛の影を見ていたほうが楽しいのではないだろうか。研究スタイルも同じで、〝自身の研究スタイル〟は、研究成果をあげるという究極目的を達成できるが、つまらない。

私のバイオエアロゾルの研究は、岩坂や小林との出会いに導かれ、その後、多くの共同研究者に支えられながら歩んできた。アルパインスタイル観測が確立できたのも、数々の共同研究が礎となり、紆余《うよ》曲折《きょくせつ》の末の創意工夫があったためである。〝自身の研究スタイル〟を確立するまでには、和気藹々《わきあいあい》とした観測、観測までの幾度かの打ち合わせ、試料やデータをやりとりしての実験解析、交流を深める飲み会、そしてさらに交流を深める飲み会があった。こうした確立するまでの過程が目的となることもあり、これが壁に映った影だったのかもしれない。研究者の中には、この影を目的に活動している人もいて楽しそうだ。研究を進捗させられることはわかったので、完成された研究スタイルを崩して、研究成果に含まれる研究過程にも目を移してもいいのではないだろうか。特に、近畿大学の学生は元気なので、学生と語らい、後進に研究のノウハウや考え方を託すのはやりがいがあるように思える。プラトンは『国家』で助言も与えており、影の実体が人や牛の形をした紙であると理解した後ほど、人や牛の影を楽しめるようになり、他者との交流も深まるとしている。

このように〝洞窟のイデア〟に思いをめぐらせていると、実在する洞窟でバイオエアロゾルを調べてくれないかと、エアロゾル学を専門とする原圭一郎（福岡大学）から声がかかった。洞窟がバイオエアロゾルによって〝緑色〟に染められているというのだ。観測場所は、世界最大級の鍾乳洞である山口県秋芳洞《あきよしどう》である。近畿大学に移ってからの新しい共同研究なので活力も湧いてきた。

秋芳洞には、全長一〇キロメートルにも及ぶ洞窟が続く。観光化された区画には高さ二〇メートルもある二〇〇平方メートルの空間が広がり、勢いよく地底河川が波しぶきを上げて流れている。観光洞通路沿いには五メートルにも及ぶ巨大鍾乳石や石灰でできた池が幾重にも重なった棚状の鍾乳石など見応えある鑑賞スポットが点在する。その観光客が足をとめる鑑賞スポットに、近年異変が生じている。これまで鍾乳石はクリームが溶けたような白い魅惑の色合いで我々を魅了してきたが、ややくすんだ緑色

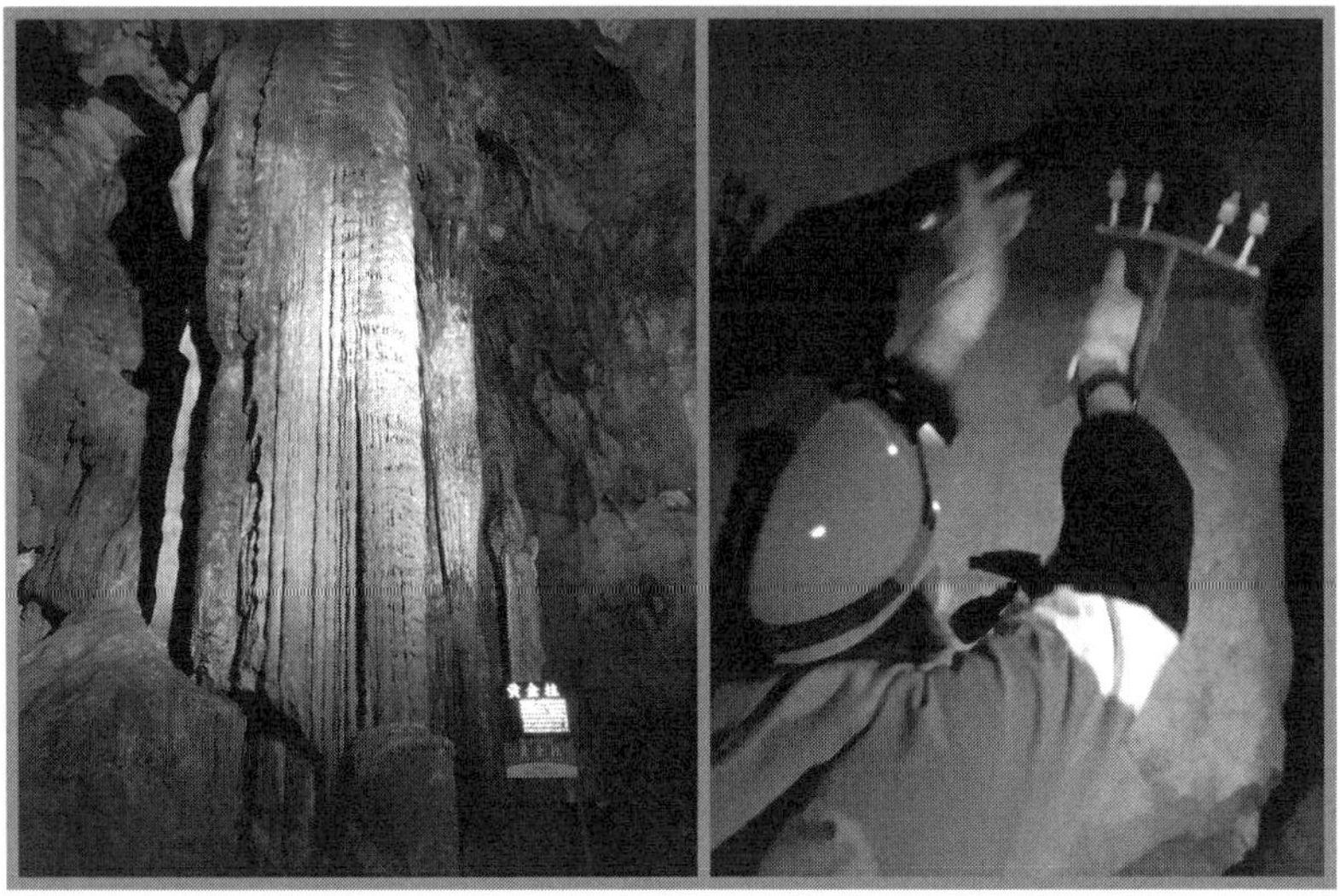

図50　洞窟バイオエアロゾル
世界最大級の鍾乳洞、山口県秋吉洞で、鍾乳石が緑色化しつつある。その原因がバイオエアロゾルではないかと調査を行った
左：低温・低消費エネルギー型の照明に照らされた黄金柱の表面が緑色化している
右：洞窟の中でもジャッカル式サンプラーを使って大気粒子を捕集する

に変色しつつあるのだ。原因は、鍾乳洞を照らす明かりにある。以前は明かりに白熱球や水銀灯が使用され、その波長や熱で鍾乳石表面の微生物が育ちにくかったが、低温で低消費エネルギーの明かりに変わってからは、光合成する緑色の微生物が生き残って増殖し、緑色を呈するようになったのである（図50）。

洞窟を専門に学術調査してきた石原与四郎《よしろう》（福岡大学）と村上崇史《たかし》（美祢市文化財保護課）らによる事前調査で、緑色化の原因微生物は、光合成するシアノバクテリアや緑藻であることは調べがついていた。この微生物が〝どこからくるのか〟を調べるのが共同研究の目的である。仮説としては、①もともと鍾乳石に付着している微生物が増殖した、②鍾乳洞内の地面や壁の微生物が空気を介して鍾乳石に付着する、③外気が出入りする鍾乳洞内の空気が恒常的に原因となる微生物を運んできている、などが考えられる。鍾乳石上の微生物を取り除いても、再び緑色化してしまうので、仮説①はなさそうである。そこで、仮説②と③を検証するため、洞窟に四カ所サンプリング箇所を設け、洞窟内の空気中を浮遊する微生物を採取し、浮遊微生物と緑色化している微生物を比較することにした。

日中に秋芳洞に入ると、明るい昼の外界から、突如、山の夜道に迷いこんだような気持ちになる。二〇メートルくらい頭上を岸壁が一面に覆っており、その岸壁を見てはじめて洞窟内にいるのだと認識できるくらいの大きな空間が広がっている。空気の匂いも外界とは違い、洞窟臭が漂ってくる。よく見ると、岩壁は白い粉を吹いたような膜に覆われている。この膜は、〝放線菌〟と呼ばれる微生物で、揮発物質を出して、洞窟臭を醸し出している。このように放線菌の匂いだけでも、洞窟にはバイオエアロゾルがたくさん漂っているように感じられた。

早速、秋芳洞のメインスポットである鍾乳洞の黄金柱にたどり着くと、話に聞いていたとおり、すでに黄金色ではなく、やや緑がかりくすんでいた。本来、表面がすべすべした感じの白く黄色がかった黄金色であるべきなのだが、照明光の当たっている部分を中心に、緑色の微生物が繁殖している。この光合成微生物の発生源を調べるのが、今回の共同研究の使命なのである。洞内は起伏が多く、サンプラーの設置場所も限られていたが、軽くて装着が容易なジャッカル式サンプラーを使用したので、比較的スムーズにサンプリングを開始できた。黄金柱の前あたりを含め、照明が設置されている洞窟の約一キロメートルに沿って四カ所で、洞窟内を漂う粒子をフィルターの上に捕集した。

秋芳洞で観光用に公開されているのは、全体の一部分であり、新しい洞窟空間が発見されることもある。我々が観測に入る数年前に、石原と村上らが、洞窟の非公開部分を探検し、新しい洞窟空間「殊《しゅ》勝殿《しょうでん》」を発見していた。今回、照明の入っていない洞窟空間として比較参照にするため、殊勝殿の下にある須弥山に案内してもらった。観光用の洞窟とは違い、足場は整備されておらず礫が散在し、暗闇の中をヘッドライトの明かりを頼りに一歩一歩すすんでいくので、まさに探検である。コースは、一〇〇メートルほどの礫道《れきどう》をまずは下り、川沿いを水流の音を闇に聞きながら歩き、手つかずの漆黒の空間を一〇〇メートル登るといった感じである。最後の登りは、暗闇の中で頂が見えず、ゴールも認識できないため、ヘッドライトで足元のみを見て礫の山を一歩一歩と登りつづける無限ループに入った錯覚に陥る。精神修養している修行僧さながらである。その分、須弥山への登頂は突然宣言され、あっけなく頂に到達する。高台に立ったときには、息を切らせ洞窟臭がする空気をいっぱい吸いこみ、遠くに地底河川の流れの音を聞き、闇の中にいるという孤高感がこみ上げてきた。

須弥山の探検からも生還し、サンプリングも無事に終え、洞窟から外界に戻ると、急に夜明けを迎えたように感じる。洞窟での活動が白昼夢のようである。

大学に戻り、洞窟の粒子を蛍光顕微鏡で観察すると、数マイクロメートルくらいの均一な粒子が視野一面に広がっていた。洞窟の岩には放線菌が蔓延《はびこ》っていたので、放線菌の糸状細胞が見えると予想していたがはずれた。鍾乳洞を緑色化する光合成微生物は、赤い自家蛍光を発する葉緑体をもつため赤い粒子を探したが、数視野に一個程度とわずかであった。おもにやや白っぽい数マイクロメートルの粒子が大部分を占める。洞窟のエアロゾルは、〝森林〟よりも〝砂漠〟に近い感じがした。

洞窟内には植生は皆無で、石灰石で覆われた空間が広がり、削れた石灰質の砂が吹き溜まっている。ヘッドライトで洞窟の暗がりを照らすと、光の筋に無数の粒子が漂っていた。おもには、空気中を舞った石灰石の砂だろう。今思うと、ゴビ砂漠でも夜にヘッドライトをつけると、無数の砂粒子が飛んでいるのが見えたのと同じだ。植物のほとんど生えない砂地の洞窟では、漂っているバイオエアロゾルが砂漠に似ていても当然である。

だが、洞窟は地底河川が流れており湿潤なのに対し、砂漠は乾燥地なので、微生物の種類は違うのではないだろうか。洞窟の大気粒子から微生物を分離して種類を調べてみた。しかし、砂漠の試料と同じく、定番のクラドスポリウム属とバチルス属の種が多くを占め、放線菌であるアクチノバクテリアに近縁な株が若干分離された。通常の微生物用の培地だったので、葉緑体をもつ光合成微生物は分離されなかった。培地をシアノバクテリア用に変えても、増殖してくるのは真菌ばかりであった。洞窟で採取した大気粒子の形状が、砂漠の粒子に似ていたばかりか、やはり優占する微生物群の属までもが砂漠と類似している。このように当たりをつけることができるのは、経験知のなせる技だが、洞窟はもっと特殊だと期待していたのでやや残念である。

蛍光顕微鏡での観察でクロロフィル（葉緑体の色素、緑の原因）をもつ微生物粒子がほとんど見られなかったため、おそらく鍾乳洞を緑色化している微生物は細胞数の少ない非優占種であろう。しかも、生きているが分離培養できない微生物種かもしれない。一般的に、大気中を浮遊する非優占種が占める割合は小さいが、その種数は数十から数百と膨大である。私は洞窟に炎で投影される影を見ながら研究をすすめようと思っている。今後の理系社会を担う学生たちに、膨大未知な非優占種から鍾乳石緑色化にかかわる犯人を根気強く見つけてもらいたい。ただ、学生に伝えないといけないことがある。洞窟で分離されたバチルス属の株は、バチルス・メガテリウムである。この種類は砂漠では検出されることは少なく、黄砂が飛来していない日本の大気粒子から頻繁に分離される。クラドスポリウムの株のコロニーも、これまでの株に比べると厚みが二倍くらいある。やはり湿潤な洞窟は、砂漠のパラレルワールドであり、優占種にも微妙に違いがあるようだ。そして、いつか学生自身が、砂漠には見られない緑色化微生物を洞窟のバイオエアロゾルから見つけてくれると期待している。

9 風の吹くまま、気の向くまま

大気中を運ばれる微生物と言うと、病原菌の空気感染など、負のイメージが強い。実際、研究費を調達するにも、風送される微生物の健康影響を話題にしたほうが、学外からの研究助成が認められやすい。人は良いことより、悪いことのほうに関心を寄せやすい。週刊誌などで、芸能人や政治家のゴシップや非難する負の記事が多いのもそのためだ。人は同じ価値があるものでも、あるものが得られなかったときより、すでに持っていたものを失ったときに、より大きな精神的ダメージを負うことがわかっている。生物が進化するうえで、体の一部などを失ってしまうと死に至る場合が多かったので、ダメージを回避するため、悪いほうに関心が強くなるのは自然の摂理なのかもしれない。

ただ、我々の研究でわかってきた成果だが、風送されている微生物の多くは、人畜無害であり、病害や健康被害を引き起こす種は限られていた。どうやら、大気微生物によって我々が何かを失う機会は少なく、リスク回避ができて一安心だ。むしろ、納豆菌のような美味しい細菌が大気中から分離培養され、拍子抜けするくらいである。

ところで、微生物はなぜ大気中を浮遊するのだろうか？　先述のとおり、大気環境は細胞にストレスなので、地上にとどまっていたほうが得策のように思える。あえて危険を冒して大気中に飛び出すのは、生息域を拡大するためだ。風送された先である種の微生物が生き残れば、もとの場所で仲間が絶滅しても、種の存続に有利になる。空気感染する病原菌は、新しい宿主に感染して、もとの宿主が死滅するリスクを回避する。人畜無害の菌であっても、なるべく広域に分布し、生き残る仲間を増やしたほうがよい。世界中のどこにでもいる種は、コスモポリタンと呼ばれ、地球がなくならない限り絶滅しないだろう。余談だが、コスモポリタンは宇宙にまで放出されている可能性があり、この場合、宇宙の終焉まで生き残るかもしれない。微生物が風送されるのは彼らの生存戦略なのだ。

雲をつくる微生物の代表格であるシュードモナス・シリンジは、大気中で氷粒子を成し雲をつくり、降雪とともに地上に繁茂する植物表面に付着し、氷粒子を再びつくって植物表面を傷つけ体内へ入りこむ。植物体内でしばらく生活し、植物が枯れると、風の吹くまま大気へと舞い上がり、小さい体にもかかわらず規模の大きな生態系の中で生活しているように見える。

高度数千メートルで大気試料を採取すると、微生物らしきラーメン物質が高密度で検出されることがあった。地上で繁茂していた真菌の細胞が断片化し、無数に飛散した結果であろうと睨《にら》んでいる。このラーメン状の細胞断片は、真菌が大気中で生息するための生活史の一部かもしれず、この真菌の生存戦略にも大気環境がスケール大きく組みこまれているようだ。人にとっては困ったことに、花粉症ならぬ、真菌症という症状が知らず知らずのうちにあるのかもしれない。

このように、大気中には微生物が関係した未知なる現象がまだまだ見つかりそうである。そして、微生物生態系にとって、大気環境も重要な意味をもっているのかもしれない。目に見えないが、大気中にも微生物の生態系があり、小さな微生物が頭上で大きな生態系を育んでいると考えると面白い。

大気を浮遊する微生物のみならず、大気中の粒子は自由に大気を行きかう。そして、人に付着したり、食べ物に混入したり、時には、健康被害を引き起こし、食品を腐敗あるいは、発酵させる。沈着する微生物の影響は人にとってさまざまだが、良い面と悪い面で分けるのは人間のエゴである。実際、微生物の身になってみると、人への影響など「そんなの知ったことか」と叫んでいるようにも思える。

私は人間の視点で良し悪しを判断し、ここまで執筆してきたが、微生物にとっては沈着した先の居心地がよければそれでよく、「これ何？」と目新しいものであっても何でも食べられるものなら食べて、何らかの産物をつくって、増殖する。そんな気ままな生活をしているように思える。しかし、気ままに振る舞えるのは生き残った微生物だけの特権だ。大気中では多くの微生物は死に絶え、バチルスのようなタフな細菌が残る。そのバチルスも、海に落ちるとほかの種に主役の座を奪われる。微生物の視点で、環境の良し悪しがまた存在する。

また人間の視点に戻るが、自然体に見える微生物も自然体を得るために頑張っているのだ。私の友人は自分の生き方を「自然体〝に〟ありたい」と標榜する。本来「自然体〝で〟ありたい」だが、おそらく、自然体は、求めるものであり、「自然体に」と強調しないと生きていけないのかもしれない。私もバイオエアロゾル研究を深め、「自然体にあろう」と切望する。

おわりに

バイオエアロゾルには、人の肌にふれたり人が吸引したりなどして、接触を避けて生活することが困難な微生物が含まれています。にもかかわらず、本格的な研究は最近になって盛んになり、膨大未知な微生物が大気中を浮遊していることがわかってきました。黄砂で長距離を運ばれる微生物は、感染症の伝播やアレルギー誘発によってヒトや動植物に健康被害を及ぼす一方、ヒトの健康に有用な納豆菌なども含まれ、太古の昔、食文化形成に役立っていたかもしれません。雲をつくる微生物は、降雨・降雪を調節しているだけでなく、太陽エネルギーの反射や蓄積にもかかわり、気候変化にかかわっている可能性が出てきました。バイオエアロゾルの影響は、悪くも良くもあるのです。まるで、人に良い面と悪い面があるのと同じで、バイオエアロゾルとつき合うにも、ある一面だけを見ては面白くありません。

大気微生物には、膨大未知な種類が含まれているのですが、大気で大部分（八〇パーセント）を占めるのはバチルスやクラドスポリウムなどの特定の種です。このように大気中ではメジャーな種（優占種）でも、環境中に落ちると増殖できず、海洋などではほかのマイナーな種が増える場合もあり、必ずしも空気中のメジャーな種だけを見ればよいわけではありません。反対に、健康被害や生態変化などの原因になる微生物が大気で運ばれているかもしれないと、バイオエアロゾルに含まれる微生物のデータベースから原因種を探し、マイナーな種であっても重点的に調べます。ですので、大気中ではマイナーな種が、研究者の心の中ではメジャーになることもあり、膨大未知な種のすべてを均等に扱うのが大切なのです。マイナーがメジャーになって脚光を浴びる人の社会に似ていますね。

この本は、私の研究室に所属して間もない学生が「大気中を浮遊する微生物」であるバイオエアロゾルを理解する手助けになればと思い、また広く一般の科学に興味のある方にも読んでいただきたいと考え執筆しました。ですので、専門的な部分を平易に説明したつもりです。微生物の生態を俯瞰し、良い悪いや、メジャー（優占）&マイナー（非優占）など人の視点で解釈しやすいように努めました。ただし、自然科学に関係のない突飛なエピソードや体験談から始まっている部分などもあり、変則的な構成になっています。理系の学問に壁を感じる人が、オヤっと関心を抱き、そのまま本題を読み進めてもらうのがねらいです。

じつは、本書執筆の構想を練っている際に、下書きのメモや図などを見せ、研究室の学生にどのように書くと面白いかと尋ねてみました。大半はあまり本を読まないからわからないという返事が無碍《むげ》に返ってくるばかりでした。そればかりか、中にはメモや図を見て、「この内容で読む人いるんですかね?」などと執筆の出鼻をくじくような意見もありました。この辛辣な意見を述べた学生は、卒業論文を書くにあたり、実験データの図が一枚しかないのに論文を仕上げたいと通常ではあり得ないことを私に無心してきた強者です。理系では、卒論でも一〇枚以上は図があるのが普通で、あまり理系の学問に熱心な学生とは言えません。しかし、これが私の心に火をつけました。このような学生でも興味をもってくれる本を書いてみようと思いました。

当初、バイオエアロゾルに関する専門的知見を教科書風にまとめるつもりだったのですが、多くの人に楽しく読んでもらえるように三点工夫しました。

①私が携わってきた研究の経験談を時系列に並べ、一緒に観測や調査に臨んでいる気持ちになるようにエッセイ風に記しました。専門的な知見を体系づけるのではなく経験談に則して述べました。

②ところどころのセクションで、研究に関連しなさそうなエピソードや映画、小説などで始めることで、研究活動そのものになじみのない方でも話に入りこんでいただけるのではないかと考えました。

③本文を読まなくても、図の写真や絵を見れば、バイオエアロゾル研究の雰囲気を味わってもらえるようにしました。ほとんどの図は本書用にオリジナルで作製したものです。

概ね出来上がった原稿を研究室の学生に読んでもらい、さまざまな意見を聞き、本文にフィードバックすることができました。中にはとても興味をもってくれ、筑波と秋芳洞の観測に是非参加したいと一名ずつ手をあげてくれました。「図一枚だけの卒論生」も、本文の言い回しなどが面白かったのか、本書に出てくる表現を自身のＳＮＳで模倣してくれており、少しは読んでくれたようで嬉しくなりました。執筆にあたり、忌憚ない感想を述べてくれた学生たちには感謝しています。

もちろん、本書のコンテンツが多岐にわたり、研究の経験談が昇華され、独自性の強い納豆のような発酵臭を漂わせているのは、登場いただいた多くの研究者のおかげです。岩坂泰信先生や小林史尚先生から声がかからなければ、私がバイオエアロゾルの研究に携わることはなかったでしょう。微生物学を専門とする私が、大気科学や海洋学などにかかわる諸先生と交流することで、お互いゴールがわからないまま、偏西風に吹かれるかのようにバイオエアロゾル研究を進展させてきました。疫学や毒性学の先生に参加いただいたことで、漠然としていた健康影響が明確になり、バイオエアロゾル研究は趣味のレベルから社会的要請の高い研究へと発展しつつあります。それぞれの先生が関連する箇所では、内容についてお伺いしましたところ、温かくアドバイスや修正をいただき、専門外の私でもなんとか形にすることができました。私が関係する研究者は多岐にわたり、お名前をあげることができなかった方も多くいらっしゃいますが、これまでの交流に想いを馳せながら関連の箇所を執筆した次第です。今回書籍にまとめた数々の貴重な研究内容を育むことができたのは、関係者皆さまのおかげです。改めて謝意を述べさせていただきます。

大気微生物に限らず、フィールドに出て地道にデータをとるような、明日、明後日すぐに役に立たないような研究がじつは科学にとってとても大切なのですが、現在はそうした研究が行いにくくなっています。私が大気微生物の研究を続けるうえでもさまざまな苦難に見舞われたのですが、本書ではふれませんでした。現在、近畿大学で思う存分研究できていることを大変ありがたく思っています。

平田奈緒さんと牧由佳さんには、一般読者の視点から有用な感想や意見をいただきました。「どうかな？　どうかな？」としつこく訊ねる私に気長に対応くださり感謝しかございません。

最後に、本書執筆の声をかけてくださった築地書館の橋本ひとみさんには、複数回にわたる推敲にも根気強くつき合っていただき、本当にこんな本を書いてもいいのだろうかと迷いが生じるたびに「大丈夫！」と励ましの言葉をかけてくださり、背中を押していただきました。また、編集者としての的確な助言と修正案のおかげで、何を書いても助けてもらえると安心しながら、思う存分執筆に取り組めました。心より御礼申し上げます。

本書を読まれた方が、部分的にでも内容に興味を抱き、バイオエアロゾル研究はじめ、大気研究、野外観測、室内実験などサイエンスに少しでも心を傾けてくださったなら研究者冥利につきます。

本書を手に取ってくださり、ありがとうございました。

二〇二一年八月一〇日

牧　輝弥

引用・参考文献

◉はじめに

岩橋 均・重松 亨（二〇一五）『暮らしに役立つバイオサイエンス』放送大学教育振興会

モントゴメリー、デイビッド＋ビクレー、アン（片岡夏実 訳）（二〇一六）『土と内臓――微生物がつくる世界』築地書館

染谷 孝（二〇二〇）『人に話したくなる土壌微生物の世界――食と健康から洞窟、温泉、宇宙まで』築地書館

1 黄砂は微生物の空飛ぶ箱船

◉バイオエアロゾルとは？

岩坂泰信（二〇一二）『空飛ぶ納豆菌――黄砂に乗る微生物たち』ＰＨＰ研究所

佐久間 博（二〇一九）『空飛ぶ微生物ハンター』汐文社

牧 輝弥 他（二〇二〇）長距離輸送される黄砂バイオエアロゾルの特性、エアロゾル研究、35巻1号、20－26頁

Griffin, D. W.（2007）Atmospheric movement of microorganisms in clouds of desert dust and implications for human health. Clin. Microbiol. Rev., 20, 459-477.

Iwasaka, Y. et al.（2009）Mixture of Kosa（Asian dust）and bioaerosols detected in the atmosphere over the Kosa particles source regions with balloon-borne measurements : possibility of long-range transport. Air Qual. Atmos. Health, 2, 29-38.

Šantl-Temkiv, T. et al.（2020）Bioaerosol field measurements : Challenges and perspectives in outdoor studies. Aerosol

Sci. Technol., 54, 520-546.

◉タクラマカン砂漠へ。黄砂との出会い

井上　靖（一九六五）『敦煌』新潮社
岩坂泰信（二〇〇六）『黄砂――その謎を追う』紀伊國屋書店
小林史尚 他（二〇〇七）黄砂発生源におけるバイオエアロゾル拡散に関する研究、エアロゾル研究、22巻3号、218－227頁
三上正男（二〇〇七）『ここまでわかった「黄砂」の正体――ミクロのダストから地球が見える』五月書房
Iwasaka, Y. et al.（1983）transport and special scale of Asian dust-storm clouds : a case study of the dust-storm event of April 1979. Tellus, 35B, 189-196.
Iwasaka, Y. et al.（1988）The transport of Asia dust（KOSA）particles; importance of weak KOSA events on the geochemical cycle of soil particles. Tellus, 40B, 494-503.

◉バイオエアロゾルを採取するには

笠原三紀夫・東野　達 編（二〇〇八）『大気と微粒子の話――エアロゾルと地球環境』京都大学学術出版会
中谷宇吉郎（一九五八）『科学の方法』岩波書店
山田　丸 他（二〇一〇）黄砂発生源地域におけるバイオエアロゾル観測の試み――係留気球観測と個別粒子分析、エアロゾル研究、25巻1号、13－22頁

◉係留気球を使った高高度観測

島尾永康（二〇〇二）『人物化学史――パラケルススからポーリングまで（科学史ライブラリー）』朝倉書店
牧　輝弥 他（二〇一〇）黄砂バイオエアロゾルに含まれる耐塩細菌群の種組成解析、エアロゾル研究、25巻1号、35

－42頁
Kakikawa, M. et al.（2008）Dustborne microorganisms in the atmosphere over an Asian dust source region, Dunhuang. Air Qual. Atmos. Health, 1, 195-202.
Maki, T. et al.（2008）Phylogenetic diversity and vertical distribution of a halobacterial community in the atmosphere of an Asian dust（KOSA）source region, Dunhuang City. Air Qual. Atmos. Health, 1, 81-89.
Maki, T. et al.（2019）Vertical distributions of airborne microorganisms over Asian dust source region of Taklimakan and Gobi Deserts. Atmos. Environ., 214, 116848.

◉バイオエアロゾルを見る

石田祐三郎・杉田治男 編（二〇〇〇）『海洋環境アセスメントのための微生物実験法』恒星社厚生閣
今井一郎（二〇一二）『シャットネラ赤潮の生物学』生物研究社
牧　輝弥 他（二〇一三）バイオエアロゾルの蛍光顕微鏡観察、エアロゾル研究、28巻3号、２０１－２０７頁
Porter, K.G. & Feig, Y.S.（1980）The use of DAPI for identifying and counting aquatic microflora. Limnol. Oceanogr., 25, 943-948.
Russell, W.C. et al.（1975）A simple cytochemical technique for demonstration of DNA in cells infected with mycoplasms and viruses. Nature, 253, 461-462.

◉大気中の微生物はバチルスばかり

ド・クライフ、ポール（秋元寿恵夫 訳）（一九六三）「微生物を追う人々」『世界教養全集第32』平凡社
ズヴォルィキン、Ａ・Ａ＋シュハルジン、Ｓ・Ｖ（桝本セツ 訳）（一九六三）「技術のあけぼの」『世界教養全集第32』平凡社

Hua, N.P. et al.（2007）Detailed identification of desert-originated bacteria carried by Asian dust storms to Japan. Aerobiologia, 23, 291-298.

Kobayashi, F. et al.（2011）Atmospheric bioaerosol, *Bacillus* sp., at an altitude of 3,500 m over the Noto Peninsula：Direct sampling via aircraft. Asian J. Atmos. Environ., 5, 164-171.

◉土壌から微生物が飛び上がる〝死のダンス〟

日本土壌微生物学会（二〇〇〇）『新・土の微生物〈5〉系統分類からみた土の細菌』博友社

鳥取大学乾燥地研究センター 監修、黒崎泰典 他編（二〇一六）『黄砂――健康・生活環境への影響と対策』丸善出版

An, S. et al.（2013）Bacterial diversity of surface sand samples from the Gobi and Taklamakan Desert. Microbial Ecol., 66, 850-860.

Ishizuka, M. et al.（2012）Does ground surface soil aggregation affect transition of the wind speed threshold for saltation and dust emission? SOLA, 8, 129-132.

Kurosaki, Y. & Mikami, M.（2007）Threshold wind speed for dust emission in East Asia and its seasonal variations. J. Geophys. Res., 112（D17202）

Puspitasari, F. et al.（2016）Phylogenetic analysis of bacterial species compositions in sand dunes and dust aerosol in an Asian dust source area, the Taklimakan Desert, Air Qual. Atmos. Health, 9, 631-644.

Shinoda, M. et al.（2010）Characteristics of dust emission in the Mongolian steppe during the2008 DUVEX intensive observational period. SOLA, 6, 9-12.

◉中国との共同研究体制

畠山史郎（二〇一四）『越境する大気汚染――中国のＰＭ２・５ショック』ＰＨＰ研究所

Huebert, B. J. et al.（2003）An overview of ACE - Asia：Strategies for quantifying the relationships between Asian aerosols and their climatic impacts. J. Geophys. Res.: Atmospheres, 108（D23）. 8633.
Iwasaka, Y. et al.（2009）Mixture of Kosa（Asian dust）and bioaerosols detected in the atmosphere over the Kosa particles source regions with balloon-borne measurements：possibility of long-range transport. Air Qual. Atmos. Health, 2, 29-38.
Jaenicke, R.（2005）Abundance of cellular material and proteins in the atmosphere. Science, 308, 73.

2　能登半島は〝日本海のアンテナ〟

◉何をもってして黄砂とするのか

甲斐憲次（二〇〇七）『黄砂の科学（気象ブックス）』成山堂書店
Fang, G.C. et al.（2005）Review of atmospheric metallic elements in Asia during 2000-2004. Atmos. Environ., 39, 3003-3013.
Zhang, D. et al.（2006）Coarse and accumulation mode particles associated with Asian dust in southwestern Japan. Atmos. Environ., 40, 1205-1215.

◉黄砂を予測し捉える難しさ

岩坂泰信 他（二〇〇九）『黄砂』古今書院
竹村俊彦（二〇一三）大気エアロゾル予測システムの概略と近年の越境大気汚染、日本風工学会誌、38巻4号、426-433頁
田中泰宙・小木昭典（二〇一七）気象庁全球黄砂予測モデルの更新について、測候時報、84巻、109-128頁

Kurosaki, Y. & Mikami, M.（2005）Regional difference in the characteristic of dust event in East Asia：relationship among dust outbreak, surface wind, and land surface condition. J. Meteoro. Soc. Japan, 83A, 1-18.

Shimizu, A. et al.（2016）Evolution of a lidar network for tropospheric aerosol detection in East Asia. Optical Engineering, 56, 031219.

Sugimoto, N. et al.（2013）Analysis of dust events in 2008 and 2009 using the lidar network, surface observations and the CFORS model. Asia Pac. J. Atmos. Sci., 49, 27-39.

◉能登には文化もエアロゾルもじかにやってくる

司馬遼太郎 他編（一九七五）『日本の渡来文化　座談会』中央公論社

◉能登半島の上空は慌ただしい

小林史尚 他（二〇一〇）能登半島珠洲市上空における黄砂バイオエアロゾルの直接採集および分離培養・同定、エアロゾル研究、25巻1号、23－28頁

Echigo, A. et al.（2005）Endospores of halophilic bacteria of the family Bacillaceae isolated from non-saline Japanese soil may be transported by Kosa event（Asian dust storm）. Saline Systems, 2005, 1-8.

Maki, T. et al.（2010）Phylogenetic analysis of atmospheric halotolerant bacterial communities at high altitude in an Asian dust（KOSA）arrival region, Suzu City. Sci. Total Environ., 408, 4556-4562.

Maki, T. et al.（2013）Assessment of composition and origin of airborne bacteria in the free troposphere over Japan. Atmos. Environ., 74, 73-82.

Potts, M.（1994）Desiccation Tolerance of Prokaryotes. Microbio. Mol. Biol. Rev., 58, 755-805.

◉環境微生物の分析方法

石田祐三郎（二〇〇一）『海洋微生物の分子生態学入門——生態学の基礎から分子まで』培風館

牧 輝弥 他（二〇一三）大気中を風送される細菌叢の16S rDNA——クローンライブラリー解析、分析化学、62巻12号、1095-1104頁

木村資生（一九八八）『生物進化を考える』岩波書店

Amann, R. I. et al.（1995）Phylogenetic identification and in situ detection of individual microbial cells without cultivation. Microbiol. Rev., 59, 143-169.

Colwell R.R. & Grimes D.J.（遠藤圭子・清水 潮 訳）（二〇〇四）『培養できない微生物たち——自然環境中の微生物の姿』学会出版センター

Giovannoni, S. J. et al.（1990）Genetic diversity in Sargasso Sea bacterioplankton. Nature, 345, 60-63.

◉海からのバイオエアロゾルの源はマイクロレイヤー

Facchini, M. C. et al.（2008）Primary submicron marine aerosol dominated by insoluble organic colloids and aggregates. Geophy. Res. Lett., 35, L17814.

Glockner, F.O. et al.（1999）Bacterioplankton compositions of lakes and oceans：a first comparison based on fluorescence in situ hybridization. Appl. Environ. Microbiol., 65, 3721-3726.

Kuznetsova, M. & Lee, C.（2001）Enhanced extracellular enzymatic peptide hydrolysis in the sea-surface microlayer. Mar. Chem., 73, 319-332.

Nold, S.C. & Zwart. G.（1998）Patterns and governing forces in aquatic microbial communities. Aquat. Ecol., 32, 17-35.

Wilson, T.W. et al.（2015）A marine biogenic source of atmospheric ice-nucleating particles. Nature, 525, 234-238.

◉植物の表面はバイオエアロゾルの宝庫

Andrews, J.H. & Harris, R.F.（2000）The ecology and biogeography of microorganisms on plant surface. Annu. Rev. Phytopathol., 38, 145-180.

Redford, A. J. et al.（2010）The ecology of the phyllosphere：geographic and phylogenetic variability in the distribution of bacteria on tree leaves. Environ. Microbiol., 12, 2885-2893.

3　雪山はエアロゾルの冷凍庫

◉北陸豪雪を利用したエアロゾル研究

長田和雄 他（二〇一七）立山における粗大粒子体積濃度から見た黄砂飛来頻度の季節変化、エアロゾル研究、32巻1号、44－51頁

Osada, K. et al.（2004）Mineral dust layers in snow at Mount Tateyama, Central Japan：formation processes and characteristics. Tellus, 56B, 382-392.

◉立山連峰での積雪断面調査

青木一真・渡辺幸一（二〇〇九）立山連峰における大気エアロゾル観測、エアロゾル研究、24巻2号、112－116頁

牧　輝弥 他（二〇一一）立山積雪層に保存される黄砂バイオエアロゾルの集積培養と系統分類学的解析、エアロゾル研究、26巻4号、332－340頁

◉超並列シーケンサーの登場

林崎良英 他（二〇〇九）次世代シーケンサーは生命科学に新たな〝革命〟をもたらす、科学、79巻2号、232－239頁

牧　輝弥（二〇一四）ＰＣＲ法を併用した超並列シーケンサーによる環境微生物叢の群集構造解析、ぶんせき、２０１４（３）、１２９－１３０頁
須田　亙・大島健志朗（二〇一二）次世代シークエンサーを使用した環境中の細菌叢の16Ｓ解析およびメタゲノム解析、日本微生物生態学会誌、27巻2号、63－69頁
Shendure, J. et al.（2017）DNA sequencing at 40：past, present and future. Nature, 550, 345-353.

◉雪に含まれる微生物

Maki, T. et al.（2011）Characterization of halotolerant and oligotrophic bacterial communities in Asian desert dust（KOSA）bioaerosol accumulated in layers of snow on Mount Tateyama, Central Japan. Aerobiologia, 27, 277-290.
Maki, T. et al.（2018）Long-range transported bioaerosols captured in snow cover on Mount Tateyama, Japan：Impacts of Asian-dust events on airborne bacterial dynamics relating to ice-nucleation activities. Atmos. Chem. Phys., 18, 8155-8171.

◉雪山から太平洋へ

矢田　浩（二〇〇五）『鉄理論＝地球と生命の奇跡』講談社
植松光夫（二〇〇五）海洋大気エアロゾルの挙動と組成変動に関する地球化学的研究、地球化学、39巻、１９７－２０８頁
Duce, R. A. et al.（2008）Impacts of atmospheric anthropogenic nitrogen on the open ocean. Science, 320, 893-897.
Uematsu, M. et al.（1985）Deposition of atmospheric mineral particles in the North Pacific Ocean. J. Atmos. Chem., 3, 123-138.
Mills, M.M. et al.（2004）Iron and phosphorus co-limit nitrogen fixation in the eastern tropical North Atlantic. Nature,

429, 292-294.

◉黄砂は極上の餌となる——船上培養実験

Maki, T. et al.（2016）Atmospheric aerosol deposition influences marine microbial communities in oligotrophic surface waters of the western Pacific Ocean. Deep-Sea Research Part I, 118, 37-45.

Maki, T. et al.（2021）Desert and anthropogenic mixing dust deposition influences microbial communities in surface waters of the western Pacific Ocean. Sci. Total Environ., 791, 148026.

4　ヘリコプター観測はアルパインスタイル

◉〝極地法〟から〝アルパインスタイル〟へ

沢木耕太郎（二〇〇八）『凍』新潮社

◉ヘリコプター観測

Maki, T. et al.（2017）Variations in airborne bacterial communities at high altitudes over the Noto Peninsula（Japan）in response to Asian dust events. Atmos. Chem. Phys., 17, 11877-11897.

Watanabe, K. et al.（2016）Measurements of atmospheric hydroperoxides over a rural site in central Japan during summers using a helicopter. Atmos. Environ., 146, 174-182.

◉ラーメン物質

佐久間　博（二〇一九）『空飛ぶ微生物ハンター』汐文社

◉真菌も空を飛ぶ

深澤　遊（二〇一七）『キノコとカビの生態学――枯れ木の中は戦国時代』共立出版
大園享司（二〇一八）『基礎から学べる菌類生態学』共立出版
白水　貴（二〇一六）『奇妙な菌類――ミクロ世界の生存戦略』ＮＨＫ出版
Kuparinen, A.（2006）Mechanistic models for wind dispersal. Trends Plant Sci. 11, 296-301.
Norros, V. et al.（2012）Dispersal may limit the occurrence of specialist wood decay fungi already at small spatial scales. Oikos, 121, 961-974.
Norros, V. et al.（2014）Do small spores disperse further than large spores? Ecology, 95, 1612-1621.

◉真菌は悪い奴？

市瀬孝道・牧　輝弥（二〇一四）ヤケイロタケのアレルギー学的基礎研究、アレルギーの臨床、２０１４年７月臨時増刊号、34－39頁
小川晴彦（二〇一九）真菌関連慢性咳嗽、アレルギーの臨床、39巻、８９５－８９８頁
Ichinose, T. et al.（2005）Pulmonary toxicity induced by intratracheal instillation of Asian yellow dust（Kosa）in mice. Environ. Toxicol. Pharmacol., 20, 48-56.

◉感染症にもご注意を！

真木太一（二〇一二）『黄砂と口蹄疫――大気汚染物質と病原微生物』技報堂出版
Brown, J.K.M. & Hovmøller, M.S.（2002）Aerial dispersal of pathogens on the global and continental scales and its

impact on plant disease. Science, 297, 537-541.
Hovmoller, M. S. et al.（2008）Rapid global spread of two aggressive strains of a wheat rust fungus. Mol. Ecol., 17, 3818-3826.
Rodó, X. et al.（2011）Association of Kawasaki disease with tropospheric wind patterns. Sci. Rep., 1, 152.
Rodó, X. et al.（2014）Tropospheric winds from northeastern China carry the etiologic agent of Kawasaki disease from its source to Japan. Proc. Natl. Acad. Sci. USA, 111, 7952-7957.

◉中国の砂漠への出入り禁止

Kobayashi, F. et al.（2016）Evaluation of the toxicity of a Kosa（Asian duststorm）event from view of food poisoning：observation of Kosa cloud behavior and real-time PCR analyses of Kosa bioaerosols during May 2011 in Kanazawa, Japan. Air Qual. Atmos. Health, 9, 3-14.

◉バイオエアロゾルはいい奴かも

ブルーナー（岡本夏木 他訳）（二〇〇七）『ストーリーの心理学――法・文学・生をむすぶ』ミネルヴァ書房
牧　輝弥（二〇二〇）能登上空３０００ｍで採取した納豆菌で作った『そらなっとう』、ＢＩＯ九州、27号、３１８頁
Kobayashi, F. et al.（2015）Bioprocess of Kosa bioaerosols：Effect of ultraviolet radiation on airborne bacteria within Kosa（Asian dust）. J. Biosci. Bioeng., 119, 570-579.

◉食文化とバイオエアロゾル

藤井建夫（一九九二）『塩辛・くさや・かつお節――水産発酵食品の製法と旨味』恒星社厚生閣

◉誕生！〝そらなっとう〟

木内　幹 監修、永井利郎 他編（二〇一〇）『納豆の研究法』恒星社厚生閣

牧　輝弥 他（二〇一六）プロダクトイノベーション：「そらなっとう」開発秘話：空飛ぶ納豆菌はなぜ発見されたのか?、化学と生物、54、289－293頁

●納豆文化の起源

中尾佐助（一九六六）『栽培植物と農耕の起源』岩波書店
横山　智（二〇一四）『納豆の起源』NHK出版

6　日中韓蒙、ドラゴン

●再び日中韓での観測へ。そして、モンゴルへ

Huang, J. et al.（2014）Climate effects of dust aerosols over East Asian arid and semiarid regions. J. Geophys. Res. Atmos., 119, 11398-11416.
Huang, J.P. et al.（2015）Detection of anthropogenic dust using CALIPSO lidar measurements. Atmos. Chem. Phys., 15, 11653-11665.
Huang, J. et al.（2017）Dryland climate change : Recent progress and challenges. Rev. Geophys., 55, 719-778.
Huang, Z. et al.（2015）Short-cut transport path for Asian dust directly to the Arctic : a case study. Environ. Res. Lett., 10, 114018.
Sugimoto, N. et al.（2012）Fluorescence from atmospheric aerosols observed with a multi-channel lidar spectrometer. Optics Express, 20, 20800-20807.

●ジャッカル式サンプラー

フォーサイス、フレデリック（篠原　慎　訳）（一九七九）『ジャッカルの日』ＫＡＤＯＫＡＷＡ

牧　輝弥・市瀬孝道（二〇一九）東アジアを越境輸送されるバイオエアロゾル——韓国龍仁と日本米子における大気浮遊細菌群の比較、クリーンテクノロジー、29巻2号、812頁

◉ゴビ砂漠の観測拠点

Maki, T. et al. (2017) Variations in the structure of airborne bacterial communities in Tsogt-Ovoo of Gobi Desert area during dust events. Air Qual. Atmos. Health, 10, 249-260.

◉東アジアから集まった観測試料

Maki, T. et al. (2019) Aeolian dispersal of bacteria associated with desert dust and anthropogenic particles over continental and oceanic surfaces. J. Geophys. Res.: Atmspheres, 124, 5579-5588.

Tang, K. et al. (2008) Characterization of atmospheric bioaerosols along the transport pathway of Asian dust during the Dust-Bioaerosol 2016 Campaign. Atmos. Chem. Phys., 18, 7131-7148.

◉ビッグデータは〝ドライ〟がお好き

服部正平 編（二〇一六）ＮＧＳアプリケーション　今すぐ始める！　メタゲノム解析　実験プロトコール～ヒト常在細菌叢から環境メタゲノムまでサンプル調製と解析のコツ（実験医学別冊）、羊土社

◉バチルス再考

安藤忠雄（二〇〇八）『建築家　安藤忠雄』新潮社

7　カビとキノコの森林バイオエアロゾル

◉ナウシカの世界が実在

宮崎　駿（二〇〇三）『風の谷のナウシカ』徳間書店

Igarashi, Y. et al.（2019）Fungal spore involvement in the resuspension of radiocesium in summer. Sci. Rep., 9, 1954.
Kita, K. et al.（2020）Rain-induced bioecological resuspension of radiocaesium in a polluted forest in Japan. Sci. Rep., 10, 1-15.

◉キノコは面白い

保坂健太郎 著、新井文彦 写真（二〇二一）『いつでも どこでも きのこ（森の小さな生きもの紀行2）』文一総合出版
保坂健太郎 監修（二〇一七）『ハンディ版　よくわかる日本のキノコ図鑑』学研プラス
本郷次雄・上田俊穂 監修、伊沢正名 写真（二〇〇六）『新装版　山溪フィールドブックス7　きのこ』山と溪谷社

◉雲をつくる微生物

荒木健太郎（二〇一八）『世界でいちばん素敵な雲の教室』三才ブックス
牧　輝弥 他（二〇二〇）トピックス「陸域生態系と大気化学」――森林大気のバイオエアロゾル、大気化学研究、Article No. 043A02
Delort,A.M. & Amato, P.（2017）『Microbiology of Aerosols』Wiley-Blackwell.
Morris, C.E. et al.（2008）The life history of the plant pathogen Pseudomonas syringae is linked to the water cycle. The ISME Journal, 2, 321-334.
Pratt, K.A. et al.（2009）In situ detection of biological particles in cloud ice-crystals. Nature Geoscience, 2, 398-401.
Vali, G.（1971）Quantitative evaluation of experimental results on the heterogeneous freezing nucleation of supercooled liquids. J. Atmos. Sci., 28, 402-409.

◉森林から飛び立つ微生物へ

Huffman, J. A. et al.（2010）. Fluorescent biological aerosol particle concentrations and size distributions measured with

an Ultraviolet Aerodynamic Particle Sizer（UV-APS）in Central Europe. Atmos. Chem. Phys., 10, 3215-3233.
Norros, V. et al.（2012）Dispersal may limit the occurrence of specialist wood decay fungi already at small spatial scales. Oikos, 121, 961-974.
Pöschl, U. et al.（2010）Rainforest aerosols as biogenic nuclei of clouds and precipitation in the Amazon. Science, 329, 1513-1516.
Pöschl, U. & Shiraiwa, M.（2015）Multiphase chemistry at the atmosphere - biosphere interface influencing climate and public health in the anthropocene. Chem. Rev., 115, 4440-4475.
Twohy, C. H. et al.（2016）Abundance of fluorescent biological aerosol particles at temperatures conducive to the formation of mixed-phase and cirrus clouds. Atmos.Chem. Phys., 16, 8205-8225.

◉ラーメン物質の正体

牧　輝弥（二〇一四）空飛ぶ科学者、空飛ぶ納豆を語る、リーダーのオピニオン誌　石川 自治と教育、６月号（６８１号）、30－40頁

8　シン・バイオエアロゾル研究

◉都市部におけるヒトへの健康影響

Morimoto, K. et al.（2017）A laboratory-based analysis of nontuberculous mycobacterial lung disease in Japan from 2012 to 2013. Ann. Am. Thorac. Soc., 14, 49-56.

◉バイオエアロゾルは洞窟の色を変えるのか？

プラトン（藤沢令夫 訳）（一九七九）『国家　上・下』岩波書店

村上崇史 他（二〇二〇）国指定特別天然記念物「秋芳洞」で発見された新空間「殊勝殿」の概要、洞窟学雑誌、45巻、41－55頁

9 風の吹くまま、気の向くまま

カーネマン、ダニエル（村井章子 訳）（二〇一四）『ファスト&スロー——あなたの意思はどのように決まるか？（上）』早川書房

【ら行】

【は行】

【ま行】

【や行】

【た行】

【な行】

【さ行】

索　引

【A～Z、数字】

【あ行】

【か行】

著者紹介

牧　輝弥（まき・てるや）

1973年6月　京都生まれ
1996年3月　京都大学農学部水産学科卒業
1998年3月　京都大学大学院農学研究科応用生物科学専攻修士課程修了
2001年3月　京都大学大学院農学研究科応用生物科学専攻博士後期課程単位取得中退
2001年4月　生物系特定産業技術研究推進機構博士研究員
2002年3月　博士（農学）の学位取得
2002年4月　金沢大学工学部物質化学工学科助手
2008年4月　金沢大学理工研究域物質化学系准教授
2020年4月　近畿大学理工学部生命科学科教授

専門は、微生物生態学、バイオエアロゾル学。

砂漠や森林、都市などの空気中を漂う微生物（バイオエアロゾル）の種類を調べ、これら大気微生物がどこまで飛んでいくのかを突き止めようとしている。大気微生物が及ぼす健康、生態、気候への影響も調査し、社会貢献できればと考えている。

趣味は、絵画、シャドーボクシング、読書＆映画鑑賞（おもにSF）で、いずれも研究活動に活かされてきた。今や、趣味が先か、研究が先かといった感じだ。

雨もキノコも鼻クソも 大気微生物の世界
気候・健康・発酵とバイオエアロゾル

2021 年 11 月 30 日　初版発行

著者　牧　輝弥
発行者　土井二郎
発行所　築地書館株式会社
〒 104-0045 東京都中央区築地 7-4-4-201
TEL.03-3542-3731　FAX.03-3541-5799
http://www.tsukiji-shokan.co.jp/
振替 00110-5-19057
印刷・製本　シナノ印刷株式会社
装丁　秋山香代子

　ISBN978-4-8067-1627-3

● 築地書館の本 ●

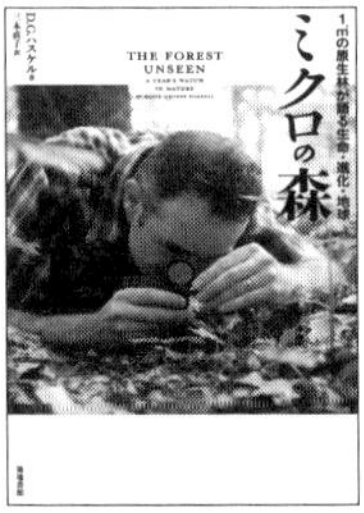

ミクロの森

1㎡の原生林が語る生命・進化・地球

D.G. ハスケル［著］ 三木直子［訳］
2800 円+税

アメリカ・テネシー州の原生林の中。1㎡の地面を決めて、1年間通いつめた生物学者が描く、森の生きものたちのめくるめく世界。
草花、樹木、菌類、カタツムリ、鳥、風、雪、嵐、地震……さまざまな生きものたちが織りなす小さな自然から見えてくる遺伝、進化、生態系、地球、そして森の真実。原生林の1㎡の地面から、深遠なる自然へと誘なう。

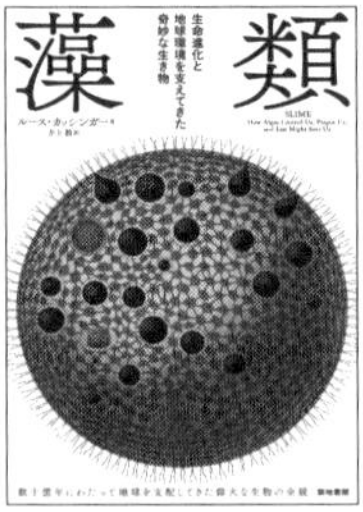

藻類《そうるい》

生命進化と地球環境を支えてきた奇妙な生き物

ルース・カッシンガー［著］ 井上勲［訳］
3000 円+税

プールの壁に生えている緑色のものから、ワカメやコンブといった海藻、植物の体内の葉緑体やシアノバクテリアまで。地球に酸素が発生して生物が進化できたのも、人類が生き残り、脳を発達させることができたのも、すべて、藻類のおかげだったのだ。この1冊で、一見、とても地味な存在である藻類の、地球と生命、ヒトとの壮大な関わりを知ることができる。